놓치는 아이 심리
다독이는 부모 마음

아이 심리 놓치는
부모 마음 다독이는

김영아 지음

쌤앤파커스

'그림책은 아이들이나 보는 거야.'라는 생각만 내려놓는다면

인간은 살아가는 과정에서 수없이 많은 변화를 겪습니다. 발달심리학은 인간이 평생 동안 어떻게 성장하고 변화하는지에 초점을 둔 심리학의 한 분야로, 인간이 성장함에 따라 발생하는 신체적 변화는 물론 사회적, 정서적, 인지적 발달을 관찰해 왔습니다. 그 결과 모든 아이들은 각기 다른 속도로 발전하는 한편, 특정 연령대에 일정한 과업을 충족시키지 못하면 문제가 될 수도 있다는 사실을 밝혀냈죠. 인간의 규범적인 발달 과정을 이해함으로써 잠재적인 문제를 발견하고 조기 극복할 수 있게 된 것입니다. 부모라면 당연히 내 아이가 평생 동안 어떻게 성장하고 변화할지 궁금할 것입니다.

아이가 애착 대상에게 사랑과 안정감을 느끼는 환경을 '안전기지'라고 합니다. 바깥세상 탐색을 마친 아이들이 신체적으로나 정신적으로 재충전할 수 있는 곳이죠. 그런 점에서 한 개인의 성장 과정에 있어 가정이라는 '안전기지'의 중요성은 두말할 필요가 없습니다.

미국의 정신분석 심리학자인 보웬Murray Bowen은 가족 체계를 하나의 정서적 단위이자 관계망으로 보았습니다. 한 알 한 알이 모인 포도처럼 개인을 가족이라는 전체 체계의 '일부분'으로 본 것이죠. 그런 점에서 부모가 자신의 불안을 다스리지 못하면 아이의 경험치는 현저히 낮아지고, 궁극적으로 가족이 경험하는 불안과 스트레스의 수준이 아이의 삶의 질과 방향을 결정할 수밖에 없게 됩니다.

수많은 부모가 '모성애'로 대변되는 사랑으로 아이를 대한다고 하지만, 혹여 그러한 사랑이 양육자의 기준에 부합하는 것은 아닌지, 또 사랑받는 당사자의 정서나 욕구를 채워 주고 있는지 등에 대해서는 한번쯤 돌아볼 필요가 있습니다. 항상 두 개의 기준이 충돌할 때 문제가 발생하니까요. 아이에게 거는 기대와 욕망 때문에 정작 자신의 삶을 채우지 못한 부모들은 물론이고, 최소한의 욕망조차 갖지 못한 채 관심과 애정을 갈구하다가 종국에는 분노로 피폐해진 아이들을 수없이 봐 왔기에 말할 수 있습니다. 그렇게 뒤틀린 '모성애'는 양쪽 모두를 무기력하게 할 뿐 아니라 맥없이 인생을 소진하게 할 뿐이라고. 대체 어쩌다 이런 현실을 마주하게 되었을까요?

'동반의존Codependency'이란 말이 있습니다. 내면의 깊은 공허감을 채우기 위해 상대에게 의존하는 것 이상으로 집착하는 것을 의미합니다. 상대를

'통제'하고 '조종'하는 것으로 필요가 충족되지 않을 때는 '경멸'과 '애증'으로 이어지는 관계죠. 결국 상실된 자기로 인해 '나'가 누구인지 모르는 상태에 이르고, 일그러진 자아는 아이들에게까지 역기능적 영향을 미치게 됩니다.

제가 그랬습니다. 소중한 선물처럼 찾아온 딸아이를 마음으로 담아 내지 못하고 아이 가슴에 상처를 냈습니다. 아이가 온몸으로 아픔에 응답하게 만들었습니다. 딸아이의 머리카락 절반이 빠지는 상황에 이르러서야 깨달았고, 무릎 꿇고 통탄의 눈물을 흘려야 했습니다. 너무 아파 무엇부터 건드려야 할지도 모르는 채 절망 속을 헤맬 때, 일곱 살, 네 살 두 아이의 터질 듯한 눈망울이 눈에 들어왔습니다. '엄마'라는 존재 말고 아무도 의지할 사람이 없는 아이들은 제 옷자락을 쥐고 놔주지 않았습니다. 바르르 떨고 있는 아이들을 보자 퍼뜩 정신이 들었습니다. 가만히 손 놓고 있을 수만은 없어 더듬더듬 저 자신을 들여다보기 시작했고, '나 하나 바로 서는 것'에 대한 생각들을 세워 가기 시작했습니다. 그렇게 만난 에릭슨의 이론은 구원의 빛이나 다름없었습니다. 프로이트의 말대로라면 이미 5세에 결정 났을지도 모를 양육의 빈틈을 메워 줄 희망으로 다가왔습니다.

에릭슨의 8단계 발달이론에 따르면, 생애 초입 관계를 맺는 대상과의 애착형성은 한 사람의 인생에 있어 아주 중요한 사건입니다. 이후 누구를 만나더라도 유연할 수 있는 힘은 그렇게 신뢰를 바탕으로 형성되기 때문입니다. 그런 만큼 양육자의 과거의 '나'가 어떠했는지 무척 중요합니다. 과거의 것들이 현재의 '나'를 아프게 하고 한 걸음도 떼지 못하게 발목을 잡는다면 과감하게 멈추어 서서 결단을 해야 합니다. 오늘이 내 미래의 과거이기 때문입니다.

이번 책에서는 80여 권의 그림책을 통해 부모라면 꼭 알아야 할 '아이의 발달 단계'와 '발달심리이론'에 대해 이야기하려고 합니다. 단순히 이론을 소개하는 것에 그치지 않고, 그림책 속 심리 탐구를 통해 양육자가 자신의 불안과 상처를 직면하고 현재 가정에서 과거의 경험을 되풀이하지 않도록 도우려고 노력했습니다. 또한 매 장이 끝날 때마다 양육자가 스스로의 정서적 이력을 훑어보는 기회를 갖게 되기를 바라며 몇몇 질문들을 넣었습니다. 이 책을 읽으면서 질문에 답을 하는 동안 두려움에 떨던 자신을 독려하며 용기를 내기 바랍니다. 지나온 시간 동안 무엇을 섭취했고 무엇을 소화시키지 못하고 있는지를 알아야 지금 다시 시작할 수 있다는 믿음을 갖기 바랍니다. '그림책은 아이들이나 보는 거야.'라는 생각만 내려놓는다면 이 책을 통해 인간이 어떻게 성장하고 변화하는지를 더 잘 이해하게 되고, 아이가 성장하면서 겪게 될 심리적, 정서적 행동 변화를 폭넓게 예측하고 준비할 수 있을 것입니다.

먼 길을 돌아 이제 서른의 나이에 자신의 삶을 찾기로 결심한 딸아이는 올해 수능 시험을 보고 의대 신입생이 되었습니다. 그 긴 세월을 지나오며

제가 해준 것은 그저 지켜보는 것뿐이었습니다. 아이들이 겪어 낼 수많은 감정을 읽고, 힘들면 기대어 쉬는 버팀목이 되어 줄 수 있었던 힘은 오직 하나입니다. 깊게 그늘진 수렁과 짙은 어둠의 터널을 지나면서도 아이들과 맞잡은 손을 놓지 않고 끝까지 두려움에 사로잡히지 않을 수 있었던 것도 그림책과 함께 뒹굴었던 뒤늦은 애착의 시간이 있었기 때문입니다.

·

현재의 그대여

용기 내어 문을 두드리라.

그러면 과거의 그대가 응답할 것이다.

차례

PICTURE BOOK PSYCHOLOGY

1장

볼비

애착이론

3세 이전,
애착을 말하다

애착이론

사람은 과연 밥만 먹고 살 수 있을까요? 삶을 그저 목숨 연장의 과정으로만 본다면 그럴 수도 있겠지만, 그런 삶을 원하는 사람은 아마 어디에도 없을 것입니다. 목숨 부지에 연연하다 보면 입에서는 저절로 이런 말이 나오지 않을까 싶어요.

"사는 게 사는 게 아니야."

인간이 사랑을 갈구하는 것은 본능에 가깝습니다. 태어나는 순간부터 보호와 사랑을 필요로 하기 때문이죠. 영국의 정신분석가인 존 볼비John Bowlby는 "신체적인 건강을 위해 비타민과 단백질이 중요하듯 정신적인 건강을 위해서는 어머니의 사랑이 중요하다."고 했는데, 지금은 너무나 당연하게 들리는 이 말이 한때는 사람들을 무척 혼란스럽게 한 적이 있습니다.

애착형성이 잘되지 않으면

◆◆◆

초기 애착을 인간 본성의 가장 중요한 기본이라고 본 볼비는 애착형성이 잘되지 않으면 여러 가지 정신 질환의 원인이 될 수 있다고 주장했습니다. 하지만 볼비가 '애착이론'을 발표한 1960년대만 해도 세상은 그 사실을 몰랐습니다. 당시만 해도 자녀를 양육하는 방식이 아주 엄격해서 아이와 부모가 따로 자는 것은 당연지사이고, 우는 아이를 안아 주면 나약하게 큰다는 생각이 지배적이었습니다. 다시 말해 아이에게 애정을 쏟는 것이야말로 아이를 망치는 지름길이라고 생각한 것이죠. 물론 지금은 이것이 잘못된 정보라는 것을 알고 있으니 천만다행입니다. 만약 계속 그랬다면 이 세상은 얼마나 많은 불행한 아이들로 넘쳐났을까요. 애착愛着이란, 말 그대로 누군가에게 '착' 달라붙는 것입니다. 유아기에 애착형성이 제대로 이루어지지 않으면 인격 발달에 문제가 생기고, 성인이 되어서도 정서적 결핍이나 우울, 불안 증세가 나타날 수 있다는 볼비의 이론은 이후 많은 연구를 통해 입증되었습니다.

볼비의 이론에 영향을 미친 세 가지 동물행동학이론이 있습니다. 첫 번째는 찰스 다윈Charles Robert Darwin의 진화론입니다. 열등한 것은 도태되고, 우월한 인자만 살아남는다는 학설이죠. 살아남기 위해서는 방어를 잘해야 하고, 그러려면 일단 적으로부터 잘 도망 다녀야 합니다. 두려움과 공포를 예민하게 느껴야 하죠. 겁도 없이 나대다가는 한순간에 사라질 수도 있으니까요. 우월한 인자를 후대까지 보전할 수도 없습니다. 그렇다면 태어나자마자 아무것도 할 수 없는 아기는 어떻게 자신을 보호할까요? 방법은 딱 하나뿐입니다. 양육자에게서 떨어지는 순간, 아기는 무방비 상태가 됩니다. 자신을 보호해 주고, 건강하게 키워 줄 수 있고, 사랑해 주는 누군가에게 착 달라붙어 있는 수밖에 없죠. 결론적으로 인간은 부모의 보호와 사랑으로 진화해 온 것을 알 수 있습니다.

두 번째는 해리 할로우Harry Frederick Harlow 박사의 동물 실험입니다. 새끼 원숭이를 대상으로 한 실험에서 할로우 박사는 두 종류의 어미 원숭이를 만들었습니다. 하나는 우유가 나오지만 철사로 만든 어미이고, 다른 하나는 우유가 나오지 않지만 부드러운 헝겊으로 만든 어미였습니다. 새끼 원숭이는 배가 고프면 철사 원숭이를 찾아가 우유를 먹고, 종일 헝겊 원숭이에게 안겨 있었습니다. 어미와 떨어져 불안했을 새끼 원숭이가 헝겊 원숭이에게 매달려 있는 상상만 해도 마음이 찡해지죠.

할로우 박사는 좀 더 확실한 결과를 얻기 위해 새끼 원숭이에게 차가운 물을 끼얹거나 뾰족한 바늘로 찌르기도 했지만 새끼들은 헝겊 어미에게서 떨어지지 않았습니다. 헝겊 어미를 아예 치워 버려도 철사 어미에게는 가지 않았습니다. 헝겊 어미가 사라지자 새끼들은 구석에서 몸을 웅크린 채 손가락을 빨고 있거나 완전히 굳어 있는 모습이었습니다.

세 번째는 콘라트 로렌츠Konrad Zacharias Lorenz 박사의 각인이론입니다. 야생 거위의 알을 부화시킨 소녀가 거위들을 안내하기 위해 경비행기를 몰고

철새 서식지로 떠난다는 내용의 〈아름다운 비행〉은 로렌츠 박사의 각인이론을 소재로 한 영화입니다. 부화한 새가 가장 처음 본 존재를 부모로 여기는 것이죠.

안정적 애착이 얼마나 중요한지

◆◆◆

유준재 작가의 그림책 《시저의 규칙》에서는 알에서 나온 새가 처음 본 악어를 부모로 여깁니다. 시저[1]는 "나는 숲속의 왕, 내 규칙이 곧 세상의 규칙!"이라며 뻐기는 악어입니다. 힘과 권력, 자기만의 규칙을 가지고 주변의 관심을 끌기 위해 애쓰는 모습이 자기애, 성격장애에 가까워 보입니다. 어느 날 시저는 새 한 마리를 잡아먹는데 그 새가 남겨 놓은 알을 보게 됩니다. 알을 먹으려던 시저는 순간 멈칫합니다. "숲속의 제왕인 내가 요따위 새알을 먹을 순 없지. 새가 알을 깨고 나오면 그때 먹어야지!"라며 알을 돌보기 시작합니다. 하지만 막상 새끼들이 태어나자 계속 생각을 바꿉니다.

"저렇게 작은 걸 먹으으면 배가 부르겠어?"

"지금은 안 먹어도 돼."

1 시저Seizure에는 '장악, 점령'이라는 뜻이 있다. 시저는 '카이사르Caesar'의 영어식 발음이기도 하다. 막강한 권력을 상징한다.

《시저의 규칙》 유준재 글, 그림 | 그림책공작소, 2020년

"좀 더 키워서 잡아먹어야지."

시저는 자신이 정해 놓은 규칙을 스스로 허무는 과정에서 아무렇지 않게 자기합리화를 합니다. 알에서 부화한 새끼들은 시저를 봐도 마땅히 느껴야 할 공포와 두려움을 느끼지 않습니다. 최상위 포식자인 시저가 새들을 잡아먹는다고 해도 전혀 이상할 게 없지만, 시저는 어쩐지 그렇게 할 수가 없습니다. 결국 시저는 자신의 규칙을 완전히 깨 버리고, 새들이 날아갈 수 있는 여지를 줍니다.

《파랑 오리》는 《시저의 규칙》과 반대로 어미 잃은 새끼 악어를 오리가 품어 주면서 가족이 되는 이야기입니다. 파랑 오리는 새끼 악어를 깨끗이 씻겨 주고, 물을 무서워하는 악어에게 수영을 가르칩니다. 여느 엄마처럼

《파랑 오리》 릴리아 글, 그림 | 킨더랜드, 2018년

사랑과 애착으로 새끼 악어를 키우고, 새끼 악어도 파랑 오리를 엄마로 알고 커 갑니다. 그러던 어느 날, 파랑 오리의 기억들이 조금씩 사라집니다. 악어를 기억하지 못하는 날이 늘어가지만, 악어는 파랑 오리를 열심히 돌봅니다. 자신이 어렸을 때 파랑 오리가 그랬던 것처럼요.

《시저의 규칙》도, 《파랑 오리》도 현실에서는 일어날 수 없는 이야기지만, 결국 엄격한 규칙도 모성과 사랑 앞에서는 맥을 못 춘다는 것을 알려 주고 있습니다. 그렇게 우리는 그림책을 통해 사랑의 위대함을 상기하고, 인간 본성을 고찰하는 기회를 얻습니다.

《안아 줘!》는 위의 세 가지 이론을 총망라한 그림책입니다. 책에는 아기 침팬지 보보가 등장합니다. 보보는 아기 코끼리와 엄마 코끼리가 껴안은 모습을 보고 "안았네."라고 합니다. 숲속을 걷는 보보 앞에 카멜레온, 뱀, 사자 등등 엄마 품에 안긴 동물들이 계속해서 나타납니다. 보보의 표정이 점점 시무룩해집니다. 마침내 "안아 줘!"라고 말하며 큰 소리로 울어 버리는 보보. 그 소리를 듣고 엄마가 달려와 보보를 얼른 안아 올립니다. 엄마 품에 안긴 보보는 그제야 안정을 찾습니다.

볼비는 생애 초기 어머니의 적절한 돌봄 행동에 따라 아이가 갖게 될 안정적 애착이 얼마나 중요한지에 대해 깊이 파고들었습니다. 아이가 원하는 것은 사랑이고, 그 사랑을 느끼는 가장 좋은 방법은 접촉입니다. 특히 엄마와의 접촉. 낯설고 두려운 세상에서 엄마와 붙어 있다는 사실만으로도 아이는 안심할 수 있습니다. 우리에게 엄마 품이 더없이 소중한 것도 바로 그런 이유 때문이죠.

누군가와 연결되는 애착 시스템

◆◆◆

엄마의 자궁은 완벽한 공간입니다. 영양은 충분하고, 온도는 적절하며, 외부로부터 완벽하게 보호되는 이곳에서 태아는 안정감을 느낍니다. 그리고 어느 날 갑자기 세상에 나오게 됩니다. 포근한 자궁 안에 있다가 도저히 빠져나갈 수 없을 만큼 비좁게 느껴지는 산도를 지나 세상 속으로 내던져지는 순간 아기는 어떤 감정일까요? 아마 미치도록 불안하고 죽을 것 같은 공포에 휩싸이지는 않을까요?

갓 태어난 아기를 안아 든 엄마는 "고생했어.", "엄마한테로 잘 왔어.", "우리에게 와 줘서 고마워."라고 말하며 등을 가만가만 토닥여 줍니다. 태어나는 순간 죽을 듯한 고통을 경험한 아이는 엄마의 가슴에 안겨 익숙한 심장박동 소리를 들으며 안심합니다. 이렇게 영아와 엄마가 느끼는 정서적인 유대감과 믿음, 이것이 바로 애착입니다. 이 애착 안에서 아이는 울기도 하고, 젖을 빨기도 하고, 미소도 짓고, 옹알이도 하는 것이죠. 이런 아이의 행동에 엄마는 어떻게 반응할까요? 답은 두 가지입니다. 반응을 보이거나 아예 무시하거나.

엄마가 반응을 보이면 아이는 사랑과 안정을 느낍니다. 그리고 자신에 대해 확신하게 됩니다. 그런데 엄마가 전혀 반응하지 않으면 두렵고 불안해진 아이는 살기 위해 자기방어를 하게 됩니다. 이런 방어 심리는 첫째, 회피하는 방식으로 일어납니다. 이를테면 "어? 내가 애교를 부렸는데 아무런 반응이 없네? 에이, 그럼 나도 굳이 엄마한테 안 매달릴 거야!"라는 식이죠. 하지만 이렇게 말하는 당사자의 마음은 편할까요? 물론 그럴 리 없겠죠. 나는 좋아하는데, 상대방이 나를 좋아하지 않으면 그것만큼 서럽고 힘든 일이 또 있을까요? 회피, 경계, 조심은 바로 이럴 때 발동하는 심리적 방어기제입니다.

엄마에게 계속 달라붙어 보채거나 자신이 사랑받지 못한다는 사실에 분노하는 아이도 있습니다. 안정과 사랑을 느낀 아이는 자신이 가진 백 퍼센트의 에너지를 놀이와 탐색에 쏟아붓지만, 두려움과 불안을 느낀 아이는 사랑을 갈구하는 데 에너지를 씁니다. 당연히 놀이나 탐색에는 신경 쓰지 못할 수밖에요. 애착형성이 잘된 아이들은 사교적이지만, 결핍이 있는 아이들은 그렇지 못한 이유가 바로 이런 점 때문입니다.

아이는 태어나는 순간부터 생존을 위해 누군가와 연결되는 애착 시스템을 가동합니다. 이 시스템이 제대로 작동하지 않을 때 아이는 애착 대상에게 지속적인 신호를 보냅니다. 이것은 일차적 전략입니다. 양육자가 이 신호에 반응하면 아이의 애착 시스템도 안정되지만, 반대로 반응하지 않으면 (양육자가 신호를 거부하면) 아이는 이차적 전략을 사용합니다. 애착 대상의

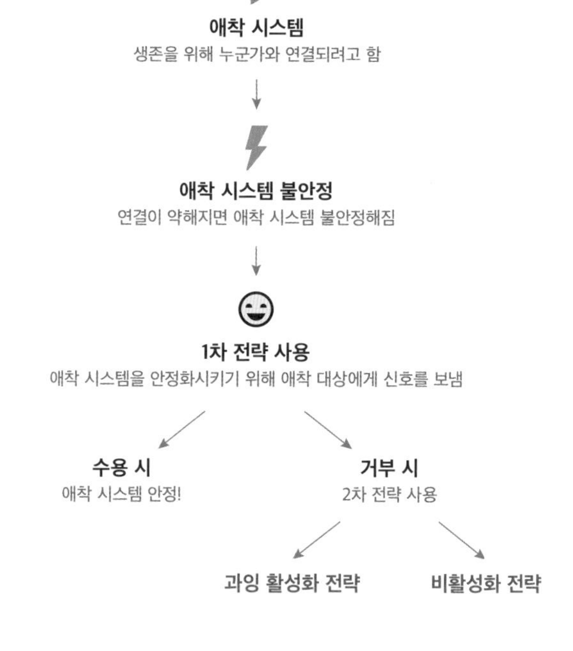

[볼비의 애착 전략]

《빨강 캥거루》 에릭 바튀 글, 그림 | 북극곰, 2017년

주의를 끌기 위해 집요하게 근접—과잉 활성화 하거나 반대로 자신의 감정을 표현하지 않고 양육자의 근접을 제한—과잉 비활성화 해 버립니다.

프랑스 작가 에릭 바튀의 《빨강 캥거루》는 매혹적인 그림과 강렬한 색감으로 유명한 작품입니다. 이 책에는 제목처럼 온몸이 빨간 캥거루가 등장합니다. 무리 사이에 빨간 캥거루가 등장하자 하얀 캥거루들이 숙덕거립니다. "어머나, 세상에! 온통 빨강잖아. 아유, 무서워." 그러자 엄마는 "무섭지 않아. 얘는 그냥 털이 빨간 거야."라며 빨강이를 감싸 줍니다.

빨강이는 호기심도 많지만, 겁도 많은 캥거루입니다. 친구들이 겁쟁이라고 놀려도 세상 속으로 껑충껑충 뛰어들어 문제를 직면하거나 겁에 질린 채 엄마에게 달려오기도 합니다. 좌충우돌할 때마다 한결같이 안아 주는 엄마 캥거루가 있기에 가능한 모습입니다.

애착 관계가 삶을 어떻게 바꾸는가

◆◆◆

"그때부터 우리는 조금씩 알아 가고 있었던 거야. 잠깐 못 본다 하더라도 아무 일 없이 꼭 다시 만난다는 걸."

이 문장은 연인 간에 주고받는 달콤한 사랑 문자일까요? 아니면 마음을 고백하는 누군가의 일기일까요? 정답은 둘 다 아닙니다. 그림책 《우리는 언제나 다시 만나》에 나오는 한 구절입니다. 《우리는 언제나 다시 만나》는 아이의 변화무쌍한 성장 과정에서 이어지는 엄마의 변함없는 사랑에 관한 이야기입니다. 아이의 애착 행동을 잘 표현한 책입니다.

애착형성이 제대로 된 경우에는 심리적 회복탄력성이 좋지만, 그렇지 못한 경우에는 회복력이 뚝 떨어집니다. '심리적 회복탄력성'이란, 어려운 상황이 생겼을 때 원상태로 다시 돌아오는 힘을 말합니다. 내가 좌절했을 때 나를 북돋워 주고 그 덕분에 회복했던 경험을 통해 차근차근 형성되는데, 커 가면서 누구에게 어떻게 사랑받았는지, 누구를 만났는지에 따라 달라지기도 합니다.

그렇다면 애착은 아기 때만 형성되는 걸까요? 다행히도 그렇지 않습니다. 중·고등학생, 대학생, 청년, 중년이 되어서도 애착형성은 가능합니다.

《우리는 언제나 다시 만나》 윤여림 글, 안녕달 그림 | 위즈덤하우스, 2017년

"사람 하나 잘 만나 인생 폈다."라는 말처럼 어릴 때 부모와의 애착형성이 제대로 이루어지지 않아서 불행하고 힘들었던 사람도 나중에 좋은 배우자, 친구, 연인을 만나 편해지는 경우가 있습니다. 애착은 단순히 양육자와의 관계에서만 형성되는 것이 아닙니다. 다른 사람과 어떤 관계를 형성하느냐에 따라 사람의 인생은 바뀔 수도 있고, 좌절할 수도 있습니다.

사노 요코의 그림책 《100만 번 산 고양이》는 애착 관계가 삶을 어떻게 바꾸는가를 잘 보여 줍니다. 100만 번 죽었다 살아난 줄무늬 고양이는 죽음에 초연합니다. 삶이 지루하고 무의미하기 때문입니다. 줄무늬 고양이는 왜 계속 다시 태어나는 걸까요? 바로 진정한 '나'가 없었기 때문입니다. 그렇다면 '나'가 없었던 이유는 무엇일까요? 바로 누군가와 절대적 의미의 사랑을 해 보지 못했기 때문입니다. 그런데 죽는 것도 중요하지 않고, 새로

태어나는 것도 의미가 없던 줄무늬 고양이에게 하얀 고양이가 나타납니다. 줄무늬 고양이는 하얀 고양이를 통해 비로소 진정한 애착 관계를 맛보게 됩니다. 하얀 고양이 덕분에 인생이 바뀐 셈입니다. 하얀 고양이를 사랑하고, 새끼를 낳아 가족을 이루면서 줄무늬 고양이는 변해 갑니다. 온전한 삶을 산 줄무늬 고양이는 하얀 고양이가 죽고 난 뒤 처음으로 눈물을 흘립니다. 그리고 꼬박 100만 번을 울고 난 뒤 하얀 고양이의 뒤를 따라갑니다. 줄무늬 고양이의 마음과 그 사랑의 깊이가 느껴져서 가슴이 저릿저릿해 옵니다.

《100만 번 산 고양이》처럼 누군가를 만나 자기의 애착 문제를 해결할 수도 있지만, 내면의 친구를 통해 심리적인 안정을 구축할 수도 있습니다. 존 버닝햄의 《알도》는 자기 안의 소중한 친구 '알도'의 이야기입니다. 주인공 아이는 힘든 일이 생길 때마다 알도에게 털어놓고, 알도에게 상의하고, 알도에게 위로받습니다. 누구나 일상에서 이와 비슷한 경험을 합니다. "내가 왜 그랬지?"라고 스스로 묻는가 하면 "아니야. 그때는 그럴 수밖에 없었잖아." 하고 스스로를 다독이곤 합니다. 자기에게 묻고 답하는 과정에서 누군가를 상정해 애착 관계를 만들어 내는 것인데, 심리학적 측면에서 보면 좀 더 발전한 애착 대상입니다. 《알도》는 그런 과정을 통해 심리적 회복탄력성을 키워 나갈 수도 있음을 잘 보여 줍니다.

사람은 태어나서 세상을 조금씩, 아주 조금씩 알아 갑니다. 아기에게 세상이 처음이듯 부모에게도 부모 역할은 처음이죠. 시행착오를 겪기도 하고 힘도 들지만 한 걸음, 한 걸음 앞으로 나아갑니다. 인생이 그렇습니다. 나이가 들어도 처음인 것들이 참 많이 있어요. 그렇게 평생에 걸쳐 하나씩 배워 나가는 것이죠. 그런 만큼 좀 더 현명한 삶을 위해 심리학이 필요한 것인지도 모르겠습니다.

안전기지를 이야기한 다양한 그림책

◆◆◆

아이가 애착 대상에게 사랑과 안정감을 느끼는 환경을 '안전기지'라고 합니다. 이것은 변하거나 움직이지 않습니다. 마음에 달라붙듯 고정되어 있습니다. 안전기지는 아이의 호기심과 탐색을 위한 도약판을 제공합니다. 안전기지에서는 상처받을 일이 없다는 믿음과 일관성이 유지되어야 하고, 아이가 원할 때 바로바로 답해 줄 수 있어야 합니다. 공감과 함께 무엇이든 말할 수 있는 상태가 지속되어야 합니다.

집을 떠나 있다 돌아온 아이들이 항상 긍정적인 모습만 보이는 것은 아닙니다. 때로는 상처받은 모습으로, 아프고 지친 모습으로 돌아오기도 하죠. 안전기지는 그런 아이들이 바깥세상의 탐색을 마치고 신체적, 정신적으로 재충전할 수 있는 곳을 말합니다.

안전기지를 이야기한 그림책 가운데 특히 데이비드 에즈라 스테인의 《주머니 밖으로 폴짝!》은 압권입니다. 엄마의 배 주머니에서 안정적으로 애착을 형성한 아기 캥거루는 더 넓은 세상에 대한 탐색을 시작합니다. 호기심과 모험심으로 가득 차 있죠. 하지만 불안하고 두려운 상황이 닥치자 아기 캥거루는 어김없이 엄마를 부릅니다. 그 부름에 엄마는 바로바로 반응하며 배 주머니를 활짝 열어 놓습니다. 엄마의 배 주머니가 아기 캥거루의 안전기지인 셈이죠. 잠시 동안 주머니 안에서 안정을 찾은 아기 캥거루는 또다시 세상 속으로 나아갑니다. 언제든지 안전기지를 사용할 수 있다고 확신하면 할수록 더 멀리 더 오래 나아가는 법이죠. 아기 캥거루는 엄마에게서 한 발, 두 발 점점 멀어져 갑니다. 엄마가 항상 자신을 기다리고 있다는 믿음이 있으니까요.

《엄마 껌딱지》와 《너 왜 울어?》를 함께 읽으면 애착에 대해 좀 더 깊이 이해할 수 있습니다. 《엄마 껌딱지》는 플랩북입니다. 다 자랐다고 생각한 아이가 갑자기 애착 행동을 하면서 말 그대로 엄마의 껌딱지가 되는 이야기죠.

엄마의 따뜻한 품과 냄새가 그리운 아이는 다시 아기 때로 돌아가고 싶어 하고, 엄마는 그런 아이를 위해 기꺼이 치마를 내줍니다. 엄마의 치마는 안전기지가 되어 아이를 품어 주지만, 안정을 되찾은 아이는 다시 세상으로 돌아갑니다. 그리고 친구들을 만나 이렇게 말하죠.

"안에만 있으니 너무너무 답답해."

스트레스 상황과 마주한 아이들이 언제든지 안전기지를 이용할 수 있어야 한다는 점은 아무리 강조해도 지나침이 없지만, 더는 엄마의 치마 속으

《엄마 껌딱지》 카롤 피브 글, 도로테 드 몽프레 그림 | 한솔수북, 2017년

로 들어가지 않는 아이와 치마 대신 바지를 입은 엄마의 모습에 슬그머니 웃음이 나옵니다.

'과연 나는 어떤 엄마인가요?'라는 부제가 붙은 《너 왜 울어?》에는 길고 뾰족한 손톱에 빨간 매니큐어를 바른 엄마가 나옵니다. 엄마는 아이를 통제하듯 손가락질합니다. 빨간 모자를 쓴 아이는 잔뜩 주눅 들어 있습니다. 엄마는 계속 말합니다. "장화 어디 있어? 장화 찾아와.", "너는 도대체 왜 울어? 나는 너한테 이것도 해주고, 저것도 해주는데…." 여기서 엄마의 치마는 아이에게 감옥이나 마찬가지입니다.

《엄마 껌딱지》와 《너 왜 울어?》의 방식으로 양육된 아이는 어떤 어른으로 자랄까요? 분명한 것은 두 아이가 각각 다른 어른으로 자란다는 점입니다. 《엄마 껌딱지》에서처럼 안정적인 개별화가 이루어진 아이는 건전하고 심리적 회복탄력성이 좋은 어른으로 성장하겠지만, 《너 왜 울어?》의 방식으로 양육된 아이는 심한 분리불안과 불안정한 애착 증세를 보일 확률이 높습니다.

《너 왜 울어?》 속 엄마의 치마를 떠올리며, 《엄마가 화났다》 속 치마의 의미를 재해석해 보는 것도 양육자에게는 큰 도움이 됩니다. 세상 모든 것이 궁금하고 신기하기만 한 아이에게 엄마는 계속 화를 냅니다. 결국 아이는 사라져 버리죠. 엄마는 아이를 열심히 찾아 헤매며 자신의 잘못을 고백합니다. 아이가 발견된 곳은 어디였을까요? 아이가 '나 여기 있어.' 하고 나오는데 엄마의 치마 속이었습니다. 코끝이 찡해질 만큼 감동적인 장면이었습니다. 화가 난 엄마를 피해 멀리 간 줄 알았던 아이가 선택한 곳이 결국 엄마의 치마 속이었다니…. 역시 아이가 갈 수 있는 곳은 엄마 외에는 없었던 것이죠.

앞서 말한 두 권의 그림책에서 치마는 많은 것을 상징합니다. 《엄마 껌딱지》의 미니스커트, 롱스커트, 플레어스커트가 시의적절하게 장소를 제공했다면, 《엄마가 화났다》 속 넓고 화려한 치마는 아이에게 진정한 안전기지가 되어 줍니다. 고민하고 방황하며 고통스러워하던 아이가 숨 쉴 수 있도록 도와줍니다. 반면 《너 왜 울어?》 속 치마는 아이에게 감옥이나 마찬가지입니다. 아이를 가두고, 통제하고, 억압하는 공간이죠.

늦은 밤 아들에게서 전화가 왔습니다. 아들은 "엄마, 나 오늘 된장찌개가 먹고 싶어요."라고 떨리는 목소리로 말했습니다. 대번에 직감했죠. 아들이

하려는 말은, 단순히 배고픔을 이기기 위한 것이 아니라는 사실을. '엄마, 나 지금 너무 힘들어요. 엄마가 필요해요, 엄마한테 가고 싶어요.'라고 마음으로 말하고 있다는 것을 알았습니다. '내가 어떻게 말해도 엄마는 내 맘을 다 알아줄 거야.'라는 믿음이 깔려 있다는 것도요. 그리고 그런 믿음을 엄마가 알아주길 바라는 마음까지도. 엄마는 아이에게 그런 존재입니다.

어른에게도 따뜻한 안전기지는 필요합니다. 항상 내 편이 되어 줄 사람이 기다리고 있다는 사실은, 상처투성이 사람이 또 한 번 씩씩하게 앞으로 나아갈 용기를 갖게 합니다. 사랑하는 사람이 있다면 그 사람에게 믿음을 주는 것은 어떨까요. "힘들면 언제든지 내게 와도 돼."라고 말해 보세요.

아이들의 애착 유형을 보여 주는 그림책

◆◆◆

캐나다의 발달심리학자 에인스워스Mary Dinsmore Salter Ainsworth는 볼비와 함께 애착형성을 연구했으며, 애착형성의 개념을 확장했다고 평가받은 연구자입니다. 에인스워스는 애착 유형을 분류하기 위해 아주 흥미로운 실험을 고안해 냈습니다. 바로 '낯선 상황 실험'입니다.

아이와 엄마가 함께 방으로 들어갑니다. 잠시 후 낯선 사람이 들어오고, 엄마는 아이를 두고 방을 나갑니다. 엄마로부터 분리된 아이는 낯선 사람과 단둘이 남겨졌을 때 어떤 반응을 보일까요? 또 엄마가 다시 돌아왔을 때 아이는 어떤 반응을 보일까요?

애착 관계가 잘 형성된 아이들은 엄마로부터 쉽게 떨어졌습니다. 또 엄마와 재결합하면 금세 안정을 찾았습니다. 안전기지가 있는 아이들은 자신의 모든 에너지를 탐색과 놀이에 사용하기 때문이었습니다. 이런 '안정 애착형' 아이는 대부분 사교적입니다. 엄마로부터 분리되어도 약간의 응석을 부리다 금세 놀이에 빠져듭니다.

그런데 엄마와 떨어져도 태연한 아이가 있습니다. 특별히 불안해 보이지도 않고 다시 만난 엄마에게도 관심이 없습니다. 이런 아이는 '회피 애착형'에 속합니다. 사랑을 갈구해도 얻지 못한다는 사실을 알기 때문에 다른 것에 집중하는 것이죠. 이런 회피형 아이들 가운데 가끔 학업 성적이 좋은 친구들이 있습니다.

"우리 아이는 또래보다 성숙해요.", "우리 아이는 자기가 알아서 잘해요."라며 칭찬하는 어른들에게 꼭 말해 주고 싶습니다. 결코 좋은 것이 아니라는 것을요.

여기, 왈가닥이지만 자기감정에 충실한 친구 은정이를 소개합니다. 은정이는 그림책《정육점 엄마》의 주인공입니다. 은정이는 정육점 일로 늘 바쁜 엄마 때문에 속이 상했습니다. 정육점에 엄마를 빼앗겼다고 생각하죠. 그리고 다락방에 혼자 틀어박혀 그림을 그렸습니다. 그런데 엄마는 그런 은정이의 마음도 모르고 배달 심부름을 시킵니다. 은정이는 애꿎은 고기를 내던지며 그동안 꾹꾹 눌러 온 화를 분출합니다. 회피형 아이처럼 보였지

《정육점 엄마》 권은정 글, 그림 | 월천상회, 2021년

만 은정이는 자기감정을 표현하는 아이였죠. 자신의 마음을 몰라준 야속한 엄마에게 서툴지만 자신의 감정을 표현한다는 점에서 건강한 자아를 가졌습니다. 물론 엄마는 은정이를 혼내지 않았습니다. 손님의 항의 전화를 받고 쩔쩔맸지만 도리어 은정이에게 미안하다고 했죠. 엄마가 꼭 안아주자 은정이의 가슴속 깊은 곳에서부터 무언가가 벅차올랐습니다. 은정이와 엄마처럼 솔직하게 표현하고 서로의 감정을 나누는 모녀 사이일수록 건강한 애착 관계가 형성됩니다.

아이는 아이다워야 합니다. 지나치게 자기감정을 숨기고, 어른들에게 맞추는 아이는 건강하다고 볼 수 없습니다. 이런 아이에게는 어른들이 먼저 다가가 "네 마음을 이야기해 보겠니?"라고 물어봐야 합니다. 어쩌면 사춘기의 아이들은 "엄마가 나한테 해준 게 뭐가 있어?"라며 화를 낼 수도 있고, 어릴 때부터 상처 입은 아이는 친밀감이나 관계에 큰 의미를 두지 않을 수도 있습니다.

'저항 애착형' 아이는 엄마와 분리되었을 때 심한 분리불안 증상을 보입니다. "날 두고 어디 갔었어?", "왜 날 혼자 놔뒀어?"라며 끊임없이 징징거리고 분노합니다. 이런 유형의 아이는 엄마를 다시 만나도 안정감을 찾지 못할 뿐더러 극도의 분리 공포 때문에 놀이에 집중할 수도 없습니다. 성인이 되어 관계에 집착할 수도 있죠.

부모의 양육 태도에 따른 아이들의 애착 유형을 보여 주는 그림책이 있습니다. 《혼나기 싫어요!》에는 울어서 빨개진 눈으로 평소보다 늦게 일어난 아이가 나옵니다. 아이는 친구들에게 빨간 토끼 눈이라고 놀림을 당할까 봐 걱정을 합니다. 그런데 엄마는 아이를 보자마자 쉴 새 없이 쏘아댑니다.

"여태 꾸물거리고 있으면 어떡하니? 아니, 방은 왜 이렇게 어질렀어? 숙제는 다 했고? 도대체 언제까지 엄마가 챙겨 줘야 해?"

아이를 학교에 데려다주는 아빠도 마찬가지입니다.

"빨리빨리 차에 타! 너 때문에 지각하겠다!"

학교에 간 아이는 선생님에게도 혼이 납니다.

"숙제를 다 했는데 안 가져왔다고?"

아무도 이유를 묻지 않습니다. 아이가 아니라고 해도 믿지 않습니다. 온종일 혼나기만 하는 아이의 마음은 과연 어떨까요? 우연이라고 볼 수도 있

《혼나기 싫어요!》 김세실 글, 폴린 코미스 그림 | 나무말미, 2021년

지만 혹시라도 이런 환경에서 자란 아이는 나중에 어떤 어른이 될까요? 그렇게 자꾸 위축되어 가는 아이에게 꼭 해주고 싶은 말이 생각났습니다.

"괜찮아, 우린 널 사랑한단다."

끝으로, 극히 소수에게 나타나는 유형이 있습니다. 앞의 세 가지 유형에 속하지 않는 아이입니다. 극심한 불안을 겪으면 동공이 확대되거나 공황장애를 겪는 '혼란 애착형'입니다. 당황한 아이는 엄마와의 접촉도 회피하고, 엄마가 안아 줘도 멍하니 다른 곳을 응시합니다. 이런 비정상적인 방법으로 친밀감을 표현하는 것이죠. 때때로 엄마에게 화를 내거나 밀치기도 합니다. 어린 시절 학대받았거나 부모의 이혼, 급작스러운 사고, 부모의 죽음 같은 박탈감을 경험한 아이들에게서 종종 발견되는 유형입니다.

《엄마, 난 도망갈 거야》의 아기 토끼는 엄마에게서 벗어나고 싶어 합니다.

"난 물고기가 될 거야."

"높은 산으로 갈 거야."

"새가 될 거야."

그럴 때마다 엄마는 이렇게 말합니다.

"그러렴, 그럼 나는 낚시꾼이 되어서 널 낚을 테고."

"등산가가 되어서 널 데리고 올 거고."

"나무가 되어 네가 날아들게 할 거야."

이것은 엄마가 계속해서 아이에게 보내는 암묵적인 사인입니다. 이 말인즉슨 "네가 어디를 가든 너의 든든한 안전기지가 되어 줄게."라는 의미입니다. 누구보다 따듯하게 안아 주고 사랑해 주며 자신을 소중히 여기는 엄마의 품에서 자란 아이는, 살아가는 동안 엄마에 대한 좋은 이미지를 떠올리게 됩니다. 이처럼 과거의 어떤 경험을 마음속에 이미지화하는 것을 '내적 작동 모델'이라고 합니다.

그림책 《엄마, 난 도망갈 거야》에서처럼 엄마의 사랑을 듬뿍 받고 자란 아이의 자아는 타인에게로 연결되고 결국 세상에까지 영향을 미치게 됩니다. 다시 말해 생애 초기 형성된 애착 관계가 이후 모든 관계에도 영향을 미치는 것입니다. 안정 애착형의 아이는 타인을 바라볼 때도 긍정적인 눈으로 바라보겠지만, 저항 애착형이나 혼란 애착형의 아이는 자신과 타인, 세상을 부정적으로 바라볼 수 있습니다. 부정적인 내적 작동 모델이 형성되었기 때문이죠.

애착 관계 형성의 필수 조건

◆◆◆

어린 시절의 애착 관계는 성인기에까지 영향을 미칩니다. 나 자신이 긍정적이고, 상대 또한 긍정적일 때 인간관계에 대한 두려움이 없습니다. 서로를 편하게 수용하고 친밀감을 쌓아 가죠. 이러한 애착 유형을 '안정 애착형'이라고 합니다. 반면 나 자신이 부정적이고, 상대가 긍정적일 때는 관계에 집착하게 되는데, 이런 '집착형'의 사람은 주변에서 쉽게 찾아볼 수 있습니다. 다른 사람의 시선을 민감하게 받아들이거나 상대에게 애정을 갈구하는 사람이 바로 그렇죠.

'무시 유형, 거부형 회피'의 경우 나는 긍정적인데 상대가 부정적일 때 생깁니다. 친밀감을 쌓는 것은 물론 상대에게 의존하는 것도 거부하는 유형입니다. 자신의 감정을 잘 드러내지 않고, 고민이 있어도 혼자 해결하려는 성향이 강합니다. "네 마음을 좀 이야기해 봐." 해도 자기 이야기를 하지 않으며, 친밀한 관계를 맺는 것을 원치 않습니다. 자신이 미처 경험해 보지 못했기 때문이죠.

최악의 관계는 나 자신과 상대가 똑같이 부정적일 때 형성됩니다. 이런 유형의 사람은 친밀감을 두려워하고 사회적 관계 맺기를 회피합니다. 때로 사람들과 친밀한 관계를 갖고 싶다가도 막상 그런 상황이 오면 피해 버리는 겁니다. 내가 부정적이어도 상대가 긍정적이거나, 상대가 부정적이어도 내가 긍정적일 때는 한쪽이 다른 한쪽을 이끌 수 있지만, 양쪽이 모두 부정적일 때는 아예 답이 없죠. 이런 유형을 '두려움 유형, 공포형 회피'라고 합니다. 이렇게 성인 애착 유형을 파악해 두면 친구나 애인, 배우자 같은 주변 사람을 파악하는 데 큰 도움이 됩니다.

어린 시절 형성된 내적 작동 모델이 영원히 변치 않는 것은 아닙니다. '안정 애착'도 사고나 죽음, 환경의 변화 등을 겪은 이후에 '불안정 애착'으로 바뀔 수 있습니다. 애착도 고정된 것이 아니라 사람의 마음처럼 왔다, 갔다 합니다. 바꿔 말해 노력 여하에 따라 애착도 변할 수 있다는 것이죠. 후회하고 반성하고 공부하고, 세상을 보다 긍정적으로 바라보려 한다면 내적 작동 모델도 바뀔 수 있어요.

그렇다면 불안정 애착을 안정 애착으로 전환하려면 어떻게 해야 할까요? 가장 먼저, 불편한 만남은 이어가지 않아야 합니다. 그리고 주변에 긍정적인 애착 관계를 많이 만들어야 해요. 애착 관계 형성의 필수 조건이죠. 주변을 잘 살펴봐야 합니다. 감정적, 정서적으로 나 자신을 처참하게 만드는 사람은 없는지, 또 함께 있으면 기가 빨린다는 느낌을 주는 사람은 없는지. 그 사람은 직장 상사나 부하 직원일 수도 있고, 친구 아니면 선후배일 수도 있습니다. 심지어 부모, 애인, 배우자일 수도 있습니다.

어린 시절은 한참 전에 끝났는데 나를 힘들게 하는 관계를 계속 이어 갈 필요가 있을까요? 아니요, 전혀 그럴 필요가 없습니다. 감정은 전염성이 있어서 다른 사람에게도 전파될 수 있습니다. 당장 관계를 끝낼 수는 없어도 서서히 관계를 정리하는 것이 맞습니다. 나 자신의 정신 건강은 물론 주변 사람의 행복을 위해서도 꼭 필요합니다. 설사 그것이 가족이라고 해도 자신을 계속 힘들고 아프게 한다면 단호하게 정리할 수 있어야 해요. 근래 수명이 길어져서 누구든지 건강관리만 잘하면 100세까지 생존하는 추세입니다. 그런데 가족 내에 부정적인 모델이 있다면 그 영향력은 무시무시합니다. 혈육 관계를 완전히 끊어 낼 수는 없겠지만, 시도는 해 봐야 합니다. 부모의 따뜻한 보살핌을 받고 자란 아이도 언젠가 어른이 되어 또 다른 가정을 꾸리게 됩니다. 키워 준 부모에게 효도는 하되, 그 속에 빨려 들어가지 않도록 조심해야 합니다. 만약 부정적 내적 모델을 가진 부모라면 자기도 모르게 자식에게까지 전수하게 됩니다. 그리고 그다음 세대에 또 전수하게 되고, 결국 내 세대에서 바꾸지 못한 양육 방식 때문에 양육의 부정적인 모델이 계속 이어지게 됩니다. 이런 부정적 대물림은 적절하게 끊어 내야 합니다.

어린 시절 양육 환경에 따라

◆◆◆

《그 길에 세발이가 있었지》는 작가의 자전적 이야기를 담은 그림책입니다. 소년은 엄마가 돌아가신 뒤, 숙모에게 맡겨집니다. 모두가 친절했지만 소년은 늘 혼자였습니다. 학교에 가지 않게 된 후, 소년은 다리가 세 개인 길강아지 세발이와 친구가 됩니다. 세발이는 소년에게 많은 위로가 되지만,

《그 길에 세발이가 있었지》 야마모토 켄조 글, 이세 히데코 그림 | 봄봄출판사, 2021년

반대로 소년이 "내 인생도 어쩌면 세발이와 같지 않을까?"라는 물음을 던지게 하는 존재이기도 합니다. 결국 삶의 한계에 다다른 소년은 숙모의 집을 떠나기로 마음먹습니다. 버스에 올라탄 소년은 세발이의 눈과 마주칩니다. 소년을 태운 버스는 홀로 남겨진 세발이로부터 점점 멀어져 갑니다. 절대로 일어나선 안 되는 일 같지만, 우리 인생에는 단호히 끊어 내야 할 일도 있습니다. 편하고 안전하다고 익숙해서 안주해 버리면 많은 기회가 사라지니까요. 자신의 인생을 확장하려면 과감하게 현실을 딛고 빠져나와야 합니다.

결혼도 마찬가지입니다. 누구나 행복해지려고 결혼을 하죠. 불행해지기 위해 결혼을 선택하는 사람은 아무도 없습니다. 그런데 살다 보면 마음먹은 대로 안 되는 일이 더 많죠. 결혼도 마찬가지입니다. 부모가 행복해야 자녀가 행복하듯, 자신이 먼저 행복해야 주변 사람도 행복해지죠. 행복한 결혼 생활을 유지하기 위해 노력하는 것도 중요하지만, 불행만 안겨 주는 결혼이라면 벗어날 수 있는 방법도 찾아봐야 해요. 그래야 아이와 안정적인 애착을 형성할 수 있습니다. 사소하지만 행복한 일을 찾아보는 것도 중요합니다. 반려동물을 키운다거나 동호회, 취미 생활, 봉사활동 등 자신이 편안해질 수 있는 일을 찾아보는 것도 좋은 방법이죠. 누군가와 건강한 안정 애착이 형성되는 관계를 맺는 것만으로도 좋은 사회 활동이 될 수 있습니다.

여러분에게 묻고 싶습니다. 현재의 '나'는 긍정적인가요, 부정적인가요? 현재 '나의 모습' 역시 어린 시절 양육 환경에 따라 형성된 것입니다. 아이에게 많은 것을 요구하지만, 정작 우리 스스로 아이에게 완벽한 부모, 또 어른이라고 말할 수 있을까요?

한 부부가 마트에 갑니다. 마트에는 다른 종류의 아이들이 상품처럼 진열되어 있습니다. 음악 특기생, 체육 특기생, 우등생 등 아이를 입맛대로 고를 수 있죠. 부부는 한 아이를 고릅니다. 아이는 떼쓰지 않고, 잘 자고, 공부 잘하고, 혼자서도 잘 놀고, 예의 바른 데다 얌전하기까지 합니다. 나무랄 데 없이 완벽한 아이죠. 그러던 어느 날, 완벽한 아이는 우연히 학교에서 웃음거리가 되어 돌아온 뒤 처음으로 화를 냅니다. 놀란 부모는 아이를 수리하러 다시 마트에 갑니다. 수리하는 데 몇 달이 걸린다는 점원의 말에 부부는 고민하다가 아이를 도로 데려가기로 합니다. 이때 아이가 직원에게 물어봅니다. "혹시 저한테도 완벽한 부모를 찾아 주실 수는 없나요?" 미카

《완벽한 아이 팔아요》 미카엘 에스코피에 글, 마티외 모데 그림 | 길벗스쿨, 2017년

엘 에스코피에의 그림책《완벽한 아이 팔아요》의 내용입니다.

현재의 내 모습을 제대로 직면할 수 있어야 미래로의 사고思考를 전환할 수 있습니다. 계속 이야기하지만, '나' 자신 하나만 바로 서도, 내 안의 내적 작동 모델을 긍정적으로 바꾸기만 해도 주변 사람에게 긍정적인 기운을 전달할 수 있습니다. 세상에 완벽한 사람은 없습니다. 좀 더 나아지기 위해 노력하거나 노력하지 않는 두 부류의 사람만 있을 뿐이죠.

THINK

Think 1 __

아이가 애착 대상에게 사랑과 안정감을 느끼는 환경을 '안전기지'라고 합니다.
나는 내 아이에게 '안전기지'가 되어 주고 있는 부모인가요? 안전기지가 되어 주기 위해 내가 해 볼 수 있는 것은 무엇이 있을까요?

Think 2 __

내 아이의 애착 유형에 대해 생각해 봅시다.
내 아이는 '안정 애착형' '회피 애착형' '저항 애착형' '혼란 애착형' 중 어디에 가까운가요?

Think 3 __

애착 관계도 다양한 유형이 있습니다. 서로 안정적인 관계를 형성하는 '안정 애착형', 한쪽 관계만 집중되어 있는 '집착형'과 '회피형', 양쪽 모두 부정적인 '공포 유형' 등이 있습니다.
내 주변, 그리고 아이 주변에 위 네 가지 애착 관계를 맺고 있는 사람들이 있나요?

Think 4 __

내가 생각하는 애착 관계 형성의 필수 조건은 무엇인가요?
건강한 관계 맺음을 위해 내가 지키고 있는 조건은 무엇인가요?

PICTUREBOOK

PICTURE BOOK PSYCHOLOGY

2장

피아제

인지발달이론

발달을 알아야 양육 방향을 예측한다

인지발달이론

아침에 눈 뜨기가 무섭게 빠른 속도로 세상이 변화하고 있습니다. 스마트폰에서 단 몇 시간만 눈을 떼도 사람들과의 대화를 이어 가기 어려울 정도죠. 하루가 멀다 하고 생소한 용어들이 끊임없이 쏟아집니다. 메타버스, 클라우드, 사물인터넷, NFT, 블록체인, 디파이 등등. 조금만 긴장을 늦춰도 트렌드에서 멀어지는 느낌이 듭니다. 나이를 생각하면 되도록 익숙하고 편안한 환경에 머무르고 싶지만, 당장 뒤처졌다는 말을 듣고 싶은 사람은 없을 겁니다. 바로 이럴 때 만나야 할 심리학자가 있습니다. 바로 장 피아제 Jean Piaget입니다.

피아제는 인지발달이론을 연구한 심리학자입니다. 인간 행동의 심리적인 부분을 연구한 기초 학문이 정신분석이론이라면, 발달이론은 아이가 발달해 가는 과정을 단계별로 연구하고 정리한 학문입니다. 발달에는 '단계'가 있고 '방향'이 있는데, 발달이론을 알면 아이를 어떤 방향으로 이끌어야 할지 예측하고 구조를 만들 수 있습니다. 꾸준히 알아 가면 자녀 양육이나 교육적인 부분에 보탬이 되죠.

피아제 이론의 핵심은 '타고난 능력을 어떻게 하면 잘 발휘할 수 있도록 도울 것인가.'라고 할 수 있습니다. 피아제에 따르면 인간은 생물학적으로 인지능력을 타고납니다. 인지능력은 정보의 획득, 저장, 활용은 물론 굉장히 높은 수준의 정신 과정에 개입하는 폭넓은 개념으로 지각, 기억, 지능, 학습, 회상, 상상, 집중, 판단력, 문제 해결력 관련한 일련의 임무를 맡고 있습니다. 때문에 피아제의 인지발달이론은 어른에게도 꼭 필요한 내용입니다. 빠르게 변해 가는 현대사회를 살아가는 데 있어 꼭 필요한 개념이죠. 게다가 인간은 인지적 구조를 변화시킴으로써 어떤 환경에서도 적응할 수 있습니다. 그러니 나이 들어 간다고 인지발달 성장을 위한 노력을 게을리 해서는 안 되는 것이죠.

세상을 탐구할 수 있는 기본적인 틀

◆◆◆

인간은 어떻게 사물을 인지하고 배워 나가는 걸까요? 인간의 뇌는 세상을 탐구할 수 있는 기본적인 틀, '도식(스키마)'을 가지고 있습니다. 도식이란, 쉽게 말해 '지각의 틀', '이해의 틀'이라고 할 수 있습니다. 누가 가르쳐 주지 않아도 엄마 젖을 빨고, 무릎을 치며, 다리를 움직이는 것처럼 인간이 본능적으로 행동할 수 있게 하는 일종의 사전 지식입니다.

기본 도식은 환경과 상호작용해서 개발되고 수정되어 가고, 인간은 이 기본 도식을 변화시키면서 환경에 적응해 나간다는 것이 피아제 이론의 골자입니다.

인간이 성장하면서 이 도식을 확장시켜 나가는 것을 '동화'와 '조절'이라고 합니다. 동화란 이미 획득한 도식, 즉 기존 경험으로 학습된 도식과 비슷한 자극이 왔을 때 '이미 내가 알고 있는 것'이라고 이해하는 것입니다. 조절은 기존 도식에 없는 것을 경험했을 때, 새로운 도식을 형성하고 확장시켜 나가는 과정을 말합니다. 가령 동그라미라는 기본 도식이 있습니다. 접시, 공, 풍선 등 동그란 모양이 익숙한 눈에 동그라미와 비슷하게 생긴 타원형이 들어옵니다. 기존 도식에 부합하지 않지만, 많이 다르지도 않습니다. 우리 뇌는 '아, 동그라미의 일종이구나.'라고 여기며 기존 도식에 편안하게 '동화'시킵니다. 이번에는 뾰족한 세모가 나타납니다. 기존 도식과 전혀 다르지만 우리 뇌는 기존 도식을 조절하고 새로운 도식을 형성하며 확장합니다. 이렇게 도식이 확장되는 것을 '평형'이라고 하고, 이러한 평형을 '적응'이라고 표현합니다. 이러한 조절이 이루어지지 않는 경우 이것을 '불평형'이라고 합니다.

이번에는 좀 더 구체적인 예를 들어보겠습니다. 아이는 참새를 알고 있

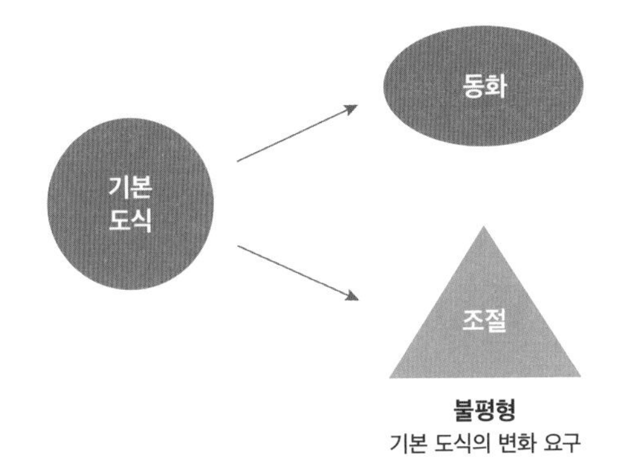

불평형
기본 도식의 변화 요구

평형
인지 과정에서
동화와 조절의 평형이 이루어질 때
일어나는 순응 과정

습니다. 이것이 기본 도식입니다. 어느 날 아이는 하늘을 나는 커다란 독수리를 발견했습니다. 참새보다 훨씬 크지만, 생김새는 비슷합니다. 아이는 자신의 도식 안에서 처음 본 독수리를 '새'라고 규정할 수 있습니다. 이것이 바로 동화입니다. 곧이어 하늘에 비행기가 날아갑니다. 새와 비슷하지만 뭔가 다릅니다. 무엇인지 알 수 없는 상태입니다. 기존 도식과 달라서 받아들일 수가 없는 것이죠. 바로 이것이 '불평형' 상태입니다.

그런데 누군가 "저건 비행기야, 엄청 크지? 사람들이 많이 타고 있고, 멀리 갈 때 이용하는 교통수단이야."라고 설명해 주면 아이는 기존 도식을 조절하고 확장해 갈 수 있습니다. 비행기에 '적응'한 '평형' 상태가 되는 것입니다. 이처럼 동화와 조절은 서로 보완적이며, 아이뿐만 아니라 노인에 이르기까지 인지발달의 모든 단계에서 동일하게 일어납니다.

바로 이러한 경험을 통해 자신의 세계를 확장시켜 나가는 모습을 잘 보

《고양이는 다 알아?》 브렌던 웬젤 글, 그림 | 올리, 2023년

여 주는 그림책이 있습니다. 《고양이는 다 알아?》의 고양이는 집 밖으로 나가 본 적이 없습니다. 다양한 창문을 통해 집 밖을 관찰하며 세상을 배웁니다. 창밖 헬리콥터를 보며 거대한 '파리'라고 생각합니다. 고양이가 집에서 봤던 파리를 헬리콥터에 동화한 것이죠. 하지만 밖으로 나가서 실제 세상을 본 고양이는 '아!' 하며 감탄합니다. 그림책 속 고양이와 마찬가지로 아이들 역시 경험을 통해 자신의 세계를 형성하고 자극을 통해 확장시켜 갑니다.

그렇다면 동화와 조절을 위해 교육자나 양육자가 해야 하는 역할은 무엇일까요? 아이 스스로는 참새인지, 독수리인지, 비행기인지 알지 못합니다. 양육자가 옆에서 언어적인 자극을 통해 지식을 불어넣고, 아이가 기존 도식을 확장할 수 있도록 도와주어야 합니다. 이미 알고 있는 것과 새로운 경험을 연결하는 촉진자 역할을 하는 것이죠. 생전 처음 보는 독수리나 비행기가 날아가는데 양육자가 아무런 정보도 주지 않는다면, 아이가 새로운 것에 집중할 수 있게 도와주지 않는다면 어떻게 될까요? 그렇게 되면 아이 스스로 도식을 확장할 기회를 모두 놓치게 되겠죠.

오감으로 체험하는 시기

◆◆◆

아이들은 이미 내적인 힘을 가지고 있습니다. 배울 수 있는 환경과 상호작용할 수 있는 힘이죠. 피아제가 가장 많이 하는 이야기입니다. 부모가 적절한 환경을 제공하기만 한다면 아이는 스스로 배워 나갈 수 있습니다. 아이들마다 발달 시기도 다르고, 모두 제각각이지만 동일하게 단계를 거칩니다. 확실한 것은 발달의 단계를 건너뛸 수 없다는 사실입니다. 발달의 단계는 체계적이고, 순차적으로 진행됩니다. 발달의 방향이 정해져 있기 때문이죠. 마치 대근육에서부터 소근육으로 발달하는 것처럼 발달의 단계를 생략할 수는 없습니다. 그래서 그 단계를 뛰어넘어 무언가를 제공해 봐야 소용없다고 합니다.

"교수님, 아이에게 어떤 그림책을 읽히면 좋을까요?"

"어떤 그림책이 아이에게 도움이 될까요?"

그림책 강의를 하다 보니 매번 이런 질문들을 받게 됩니다. 물론 좋은 그림책이 많다 보니 그중 어떤 책을 고를지 고민스럽겠지요. 하지만 그런 질문에는 대답하기 어렵습니다. 아이의 인지 체계, 도식 수준을 모르기 때문이죠. 아마 학교 선생님도 잘 모를 겁니다. 아이와 가장 가까운, 양육자만 이 아이의 발달 단계에 맞는 책을 골라 줄 수 있으니까요.

자, 그럼 이제부터 피아제가 말한 인지발달 단계를 기반으로 아이가 어떻게 인지를 확장해 가는지 좀 더 자세히 살펴보겠습니다.

첫 번째 단계는 0~2세 사이의 '감각운동기'입니다. 누워만 있던 아기가 기고, 일어나 앉고, 걷기 시작하면서 만지고, 빨고, 듣고, 흔들어 보는 등 감각, 즉 오감으로 체험하는 시기입니다. 이 시기의 아이는 오감을 통해 세상을 이해하고, 학습하고, 세상을 배워 나가면서 자기 도식을 확장해 가죠. 이처럼 엄청난 속도로 세상을 빨아들여서 이때를 '학습이 꽃피는 시기'라고 합니다.

건축물을 지을 때 세우는 비계飛階는 작업자가 높은 곳에서 일할 수 있도록 설치하는 임시 가설물을 말합니다. 작업자와 공사 자재가 오가는 발판인데 현장에서 없어서는 안 될 중요한 도구이죠. 교육도 마찬가지입니다. 양육자가 아이 옆에서 비계처럼 든든한 지지대가 되어야 합니다. 아이가 가진 도식이 어느 정도인지, 그다음에 필요한 도식이 무엇인지 알아야 합니다. 또 양육자는 아이가 도식을 확장해 갈 수 있도록 올바른 환경도 제공해야 합니다. 그것을 바탕으로 아이는 세상에 존재하는 인물, 장소, 사물에 의미를 부여합니다. 그리고 나아가 자신만의 지식을 구성하고, 자기만의 이해를 창조해 갈 때 아이들은 가장 잘 배울 수 있습니다.

이 시기의 아이에게는 엄마가 언제나 돌아온다는 믿음, 즉 대상영속성

획득이 아주 중요합니다. 또 충분한 경험과 탐색의 기회를 제공해야 합니다. 미술 놀이나 바깥 활동 등 탐색을 통해 소리를 듣거나 촉감을 느끼는 것은 아이가 세상을 이해할 수 있는 아주 좋은 기회입니다. 아이가 위험해서, 시간이 부족해서, 상황이 여의치 않아서 같은 핑계로 아이에게 탐색의 기회를 제대로 제공하지 않는다면, 아이의 도식이 확장되는 기회를 박탈하는 것이나 마찬가지죠. 이 시기의 언어적 자극 또한 굉장히 중요한데, 새인지 비행기인지 무신경하게 지나치지 않도록 가르쳐 주어야 합니다. 양육자가 방향을 제시해 주고, 한 번 더 확인해 주는 것만으로도 아이에게는 큰 도움이 되죠. 아이의 도식이 확장될 수 있는 경험을 제공하는 것입니다. 물론 이러한 활동의 바탕은 아이가 안정감을 누리는 환경이어야 합니다. 그래야 남은 활동을 제대로 할 수 있습니다.

자기 개념을 확고하게 세우기 위해

◆◆◆

아이가 초등학교에 가기 전 2세부터 7세까지를 '전조작기'라고 합니다. 기본적인 사고는 가능하나 조작 능력이 미숙한 시기입니다. 이 시기의 아이는 엄마 아빠 놀이, 병원 놀이 같은 가상 놀이나 상징 놀이를 하면서 사고를 확장해 가지만, 보존 개념은 부족합니다. 자아가 확대되면서 과대 자기를 인식하는 아이는 다분히 자기중심적인 면모를 보입니다. 이를테면, 유치원에서 선생님이 "자, 오늘은 노란색의 날이라 선생님이 노란색을 많이 가져왔어요."라고 하면 아이들이 말하기 시작합니다.

"우리 엄마 차가 노란색이에요!"

"노란색 차가 많아요."

그런데 갑자기 아이들이 선생님이 한 말과 상관없는 말을 합니다.

"우리 엄마 차는 고장 났어요!"

"우리 집 TV가 고장 났어요!"

"나는 TV에서 만화영화 봤어요!"

뜬금없는 이야기들이 오가고 애초 선생님이 말하고자 한 '노란색'의 의미는 어디에도 없는 상황이 됩니다. 관점이 오락가락합니다. 아이들의 자기중심적 사고는 이렇게 집단적 고백의 형태로 나타나 도통 이해할 수 없는 상황을 연출합니다. 그렇다면 자기중심적 사고의 특징을 보이는 아이들을 '이기적'이라고 해야 하는 것일까요? 아니요, 전혀 그렇지 않습니다.

이 시기는 발달 과정의 한 지점입니다. 자기중심적 사고는 이 시기의 특징으로 이해해야 합니다. 어른의 입장에서 혼을 내거나 핀잔을 주면 아이는 오히려 수치심을 느낍니다. 엄마의 생일날 아이가 사탕을 선물하는 것을 예로 들어 볼까요? 자신의 행위로 인한 만족감, 기쁨이 충만해진 아이는 자기에 대한 확신을 갖게 됩니다. 아이에게는 굉장히 중요한 시기죠. 양육자는 이 시기를 잘 다루어야 합니다. 엄마의 생일날 자신이 좋아하는 사탕을 선물하려는 아이의 마음을 읽고 해석의 방점을 어디에 찍어야 할지

《특별한 노랑 풍선》 팀 합굿 글, 그림 | 사파리, 2012년

고민하는 자세야말로 성숙한 어른의 양육 태도라고 할 수 있습니다. 전조작기의 아이들은 자기중심적이지만, 자기 개념을 확고히 세우기 위해 반드시 거쳐야 하는 단계니까요.

《특별한 노랑 풍선》은 전조작기 아이들의 물활론적 사고를 보여 줍니다. 특별한 노랑 풍선이 가시나무, 삐죽삐죽한 안테나, 길쭉길쭉한 굴뚝처럼 언제 터질지 모를 위험과 계속 마주치는 이야기입니다.

노랑 풍선은 이 모든 장애물을 씩씩하게 이겨 내고 머나먼 우주까지 날아갑니다. 그리고 '반짝반짝 눈부시고, 깜짝깜짝 놀랄 만한' 멋진 것들을 가득 담아 아이에게 되돌아오죠. 어디서나 볼 수 있는 평범한 노랑 풍선을 통해 이 세상 모든 아이가 가진 가능성에 대해 이야기합니다. '특별한 노랑 풍선'처럼 수많은 역경을 이겨 내고 멋지게 자란 아이들이 각자의 강점을 가진 특별한 존재가 될 수 있음을 보여 주죠. 무수한 것들이 살아 있다고 느끼고 신이 나서 이야기하는 아이들에게 "그래, 그랬구나, 그랬어."라며 공감해 주어야 합니다. 아이들이 충분히 자기표현을 할 수 있게 하는 것이 무엇보다 중요하기 때문입니다.

어른의 입장에서 쉽게 생각하고 아이들이 펼치는 공상의 세계를 함부로 재단하는 것은 금물입니다. 양육자가 그 사고의 흐름을 알고 인정해 준다면 아이에게 다양한 가상 놀이 기회를 제공할 수 있습니다. 그러려면 양육자가 일관성 있고 공감하는 태도를 보여야 하는데, 가령 아이가 가상 놀이를 할 때 "엄마도 줄래?" 하며 함께 참여해 보세요. 이런 공감적 양육, 일관적인 양육 환경에서 자란 아이가 주도성과 성취감을 경험할 수 있습니다.

논리적 사고 조작이 가능

◆◆◆

초등학교 입학 전후 시기인 7세부터 11세까지를 '구체적 조작기'라고 합니다. 이 시기의 아이는 논리적인 사고를 할 수 있습니다. 숫자를 세고, 양적으로 늘어나는 것과 질적으로 늘어나는 것을 이해할 수 있죠. 자신이 원하는 결과를 얻으려면 무엇과 무엇을 연결해야 할지 논리적으로 생각할 수 있는 나이입니다. 앞서 말한 전조작기의 아이들은 구체적인 계획을 세우거나 아이디어를 떠올리기 어렵지만 논리적으로 생각할 수 있는 구체적 조작기에서는 가능합니다. 그러다 보니 학교에서는 키 큰 아이, 공부 잘하는 아이, 잘 노는 아이 등으로 분류와 서열화가 자동적으로 이루어지죠. 자연스럽게 힘들어하는 아이들이 등장합니다. 또한 이 시기에는 자율적 도덕성을 알게 됩니다. "생각해 보니까 저 애가 그래서 그랬구나." 하는 식으로 타인을 이해하게 되고 '탈중심화'가 가능해집니다. 따라서 초등학교 입학 전 '자기중심성'이 먼저 잘 자리 잡아야 합니다.

구체적 조작기에는 아이의 발달 수준에 맞는 교육 경험을 지속적으로 제공해야 합니다. 양육자는 논리적 사고 조작이 가능해진 아이에게 숫자나 공간 개념 등의 교육을 통해 확장된 경험을 제공할 수 있어야 합니다. 동시에, 학교에서 일어나는 분류와 서열화, 탈중심화로 인해 심리적으로 위축되거나 스트레스를 받을 수도 있는 만큼 아이에게는 충분한 휴식과 즐거움이 필요합니다. 그리고 무엇보다 마음의 삶을 어떻게 만들어 가야 할지, 부모와의 관계에서 나 자신을 어떻게 조절해야 할지 배워 나가는 어려운 단계이므로 양육자가 그 마음을 충분히 위로해야 합니다. 그 밖에 또래와의 상호작용이 굉장히 중요한 때이기도 합니다.

앤서니 브라운의 그림책《달라질 거야》의 글은 단순하고 소박합니다. 읽는 이가 그림에 집중하게 만들죠. 극사실주의 기법으로 표현된 초현실적인 상황은 사고력을 자극할 정도로 흥미진진합니다.

아빠가 집을 나서기 전 조셉에게 말합니다.

"이제 달라질 거야."

그리고 홀로 남겨진 조셉의 눈에도 서서히 일어난 변화가 보이기 시작합니다. 주전자가 줄무늬 고양이로, 세면대의 구멍이 코로 바뀌었죠. 아빠가 말한 것이 이것일까요? 조셉은 밖으로 나갑니다. 변화는 집 밖에서도 일어나죠. 자전거 바퀴는 사과로, 호스는 코끼리 코로 변하더니 축구공에서는 새가 나옵니다. 이런 변화가 상징하고 비유하는 것은 무엇일까요? 그것은 바로 '여동생의 등장'이었습니다. 조셉에게는 엄청난 변화죠. 조셉은 여동생의 등장을 통해 부모로부터의 건강한 분리와 형제간 서열에 대해 알게 됩니다. 자신뿐 아니라 타인과의 연결, 상호작용에 대해서도 느끼게 되죠. 조셉의 심리적 흐름을 따라가 보면 구체적 조작기의 아이가 느끼는 혼란이 어느 정도일지 짐작할 수 있습니다.

《달라질 거야》를 읽으면서 이런 생각이 들었습니다. 조셉의 아빠가 현실 속 아빠였다면 이런 당부를 해야겠다고.

"아이에게 좀 더 친절하게 설명해 주세요."

물론 이 시기의 부모는 분명하고 권위 있어야 합니다. 부모의 영향력은 영아기 때 가장 커야 하고, 아이들이 커 가면서 점점 작아져야 하기 때문입니다. 구체적 조작기는 규율과 형식이 중요한 시기이며, 아이는 논리적인 사고 안에서 자기 삶의 형식을 맞춰 가야 합니다. 그런 만큼 부모의 행동에 권위가 있어야 하고 모범적이어야 하죠. 아이가 본받을 수 있도록 제시하고, 제안하고, 명확히 한계를 지어 줄 필요가 있습니다.

본격적으로 타인을 의식하고 자의식이 강해지는

◆◆◆

'형식적 조작기'는 추상과 논리 사고의 단계로 나아가는 시기입니다. 11세 이상인 청소년기에 접어들면 아이는 문제에 대한 해결책을 내놓을 수 있습니다. 사고 능력이 발달하기 때문이죠. 가설, 연역적 인지구조와 분석 능력을 갖추고 추상적인 사고를 할 수 있지만 다시 자기중심적인 사고를 끌어오는 시기이기도 합니다. 이 시기의 아이들은 다른 사람이 자기만 쳐다보고 있다고 생각합니다. 본격적으로 타인을 의식하고 자의식이 강해지는 시기이기 때문이죠. 그런 부분에 있어 아이를 판단하고 지적하기보다는 아이의 마음과 스트레스를 이해해 주어야 합니다. 다시 말해 지시하고 명령하는 것보다 "참 곤란하겠구나.", "힘들었겠구나."라고 좀 더 구체적으로 수용하는 태도가 필요합니다.

무엇보다 중요한 것은 모델링입니다. 가장 중요하지만 그만큼 어렵습니다. 부모가 어떤 삶을 살아가는지, 어떻게 친구 관계를 맺는지, 어떻게 아침 시간을 보내는지, 어떻게 남은 시간을 보내는지, 아이가 모두 보고 있습니다. 부모는 삶의 모습으로 아이에게 말할 수 있어야 합니다. 언어적·지시적인 행태로는 문제를 해결할 수 없습니다. 초등학생 이전에 이런 부분을 잘 만들어 주고, 청소년기 이후에는 친구 같은 역할로 다가가야 합니다.

추상, 추론, 상징 등을 잘 발전시키고 확장해 나간 아이는 문제에 대한 해결책도 제시할 수 있습니다. 다만 때때로 현실 세계에서 불가능한 해결

《달빛 청소부》 젤리이모 글, 그림 | 올리 2022년

책을 제시한다는 점에서 사고의 한계에 부딪히기도 합니다. 그럴 때 문제 해결의 단서를 찾을 수 있는 그림책이 있습니다. 혼자가 아닌 '함께' 할 때 생기는 공감의 힘이 얼마나 큰 단서가 되는지 보여 주는 《달빛 청소부》입니다.

청소부 무니는 주어진 문제를 놓고 자신도 어쩌지 못하는 상황에서 갈등합니다. 매일 밤 달빛 아래에서 축제를 여는 마을이 있습니다. 마을 사람들은 축제를 즐기면서 쓰레기를 아무렇게나 버리죠. 무니는 축제가 끝난 이후 더러워진 마을과 달을 혼자서 청소해 왔지만 무니 덕분에 마을이 깨끗하게 유지되고 있다는 사실은 아무도 몰랐습니다. 어느 날, 청소를 하던 무니가 홧김에 빗자루로 탁, 치자 달이 그만 또로로로, 굴러떨어졌고, 마을 사람들이 자신에게 화를 낼까 봐 겁이 났던 무니는 결국 달을 들고 도망을 가지만, 마을 사람들은 그럴 수밖에 없었던 무니의 마음을 헤아려 줍니다. 사람들의 따뜻한 마음은 무니가 힘을 내도록 도와주죠. 서로에 대한 배려와 연대가 얼마나 큰 힘을 발휘하는지 보여 주는 그림책입니다.

혼란스러운 감정을 느끼는 것은 아이들도 매한가지입니다. 이 시기의 아이들은 생각과 행동이 따로 놀기도 하고 마음먹은 대로 말이 나오지 않아 오해를 받기도 합니다. 게다가 요즘 아이들은 훨씬 더 빨리 흡수하고, 적응하죠. 피아제가 이론을 정립하던 때와는 많이 다릅니다. 그러다 보니 구체적 조작기나 형식적 조작기의 이론이 요즘 현실에 맞지 않다는 반발이 있기도 합니다만, 근본적인 개념을 놓치면 안 된다는 사실을 꼭 기억해야 합니다.

도식의 조절을 통해 평형 상태에 도달하는 과정

◆◆◆

우리 인간은 세상을 탐구할 수 있는 기본적인 틀, '도식'을 가지고 태어납니다. 그리고 세상을 어떤 식으로 받아들이고 이해하느냐에 따라 그 도식은 각자 다를 수밖에 없습니다.

그림책 《어떤 고양이가 보이니?》는 우리가 저마다 다른 도식을 가지고 있음을 깨닫게 합니다. 아이에게는 고양이가 사랑스럽게 보이지만 강아지

《오리와 부엉이》 한나 요한젠 글, 케티 벤트 그림 | 꿈터, 2021년

의 눈에는 이유 없이 얄미워 보입니다. 배고픈 여우에게는 고양이가 아주 통통해 보이고, 벌의 눈에는 고양이가 격자무늬로 보입니다. 보는 이의 입장과 시각에 따라 똑같은 고양이가 모두 다르게 보이는 것이죠. 다른 도식을 가진 상대방을 이해해 가는 과정을 그린 그림책도 있습니다.

《오리와 부엉이》는 낮에 활동하는 오리와 밤에 깨어 있는 부엉이가 서로를 이해하지 못해 싸우는 이야기입니다. 둘은 "낮에 노는 게 얼마나 재미있는데.", "밤에 사냥하는 게 얼마나 즐거운데."라며 다툽니다. 그리고 그런 논쟁 속에서 "너는 틀리고, 나는 맞아."가 아니라 "그럴 수도 있구나.", "저렇게 살 수도 있구나." 하고 상대를 인정하게 됩니다. 각자의 도식을 확장시켜 서로를 점점 이해하고 받아들이죠.

피아제가 말한, 기존 사고의 틀을 벗어던지고 도식의 조절을 통해 평형 상태에 도달하는 과정을 그리고 있습니다.

《쿵쾅! 쿵쾅!》은 도식을 조절해 가며 성숙해지는 어른의 이야기입니다. 위층 남자아이 둘이 쿵쾅거리며 뛰어다니자 아래층에 살고 있는 할아버지가 올라옵니다. 너무 시끄러워서 어떤 동물이 살고 있나 하고, 살펴봅니다. 아이들은 할아버지에게 사과를 하지만 금세 까먹고 다시 뛰어다닙니다. 다른 사람과 함께 조화롭게 살기 위해서는 자신의 행동을 조율하는 능력이 필요하죠. 자신을 조절하고 아이들 수준에 맞춰 표현할 줄 아는 아래층 할아버지가 문 앞에 이런 포스트잇을 붙입니다.

"아래층 비는 시간 오후 3~6시. 그 시간은 동물원을 열어도 됨!"

아이들 입장에서는 뛰고 싶은 것을 멈추기 어렵습니다. 천성이 그러니까요. 할아버지는 그런 아이들을 이해하지만, 매번 참는 것은 고역입니다. 그

《쿵쾅! 쿵쾅!》 이묘신 글, 정진희 그림 | 아이앤북, 2020년

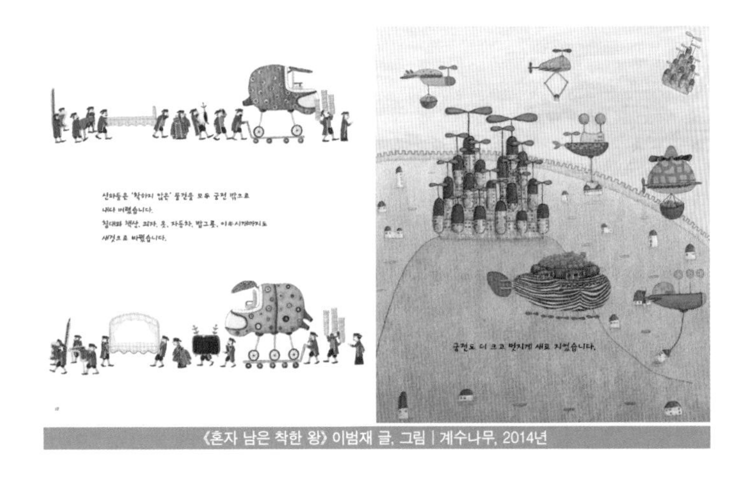

《혼자 남은 착한 왕》 이범재 글, 그림 | 계수나무, 2014년

래서 아이들의 눈높이에 맞춰 표현하죠. 바로 그것이 어른의 성숙함 아닐까요. 이 책은 서로 간 평형을 이루어 가는 과정을 보여 줍니다. 요사이 세대 갈등을 극복하지 못하고 서로를 부르는 호칭에서부터 혐오감을 표현하기도 하는데 참으로 안타까운 현실입니다. 그런 점에서 정말 공감 가는 그림책입니다.

그림책 《혼자 남은 착한 왕》 속 착한 왕은, 자신이 착하지 않다고 생각하는 것을 모두 내쫓습니다. 착한 것과 착하지 않은 것의 모든 기준은 '자신의 생각'이죠. 그런데 그 기준이 너무도 주관적이어서 낡은 것도 착하지 않고, 못생겨도 착하지 않으며, 가난해도 착하지 않습니다. 착한 왕은 코가 비뚤어진 자, 구걸하는 자, 무식한 자, 꽃이나 열매를 맺지 않는 나무와 풀까지 착하지 않다고 생각합니다. 결국 자기 눈에 거슬리는 것을 다 쫓아냅니다. 급기야 왕은 그림자를 만드는 해마저 없앨 것을 명령하고 착한 나라에는 더러운 몰골을 한 착한 왕만 남게 되죠. 기존의 잘못된 도식을 수정하지 않고 고집하면 어떤 모습이 될지 생각하게 하는 이야기입니다.

앤서니 브라운의 《공원에서》에는 매사에 걱정이 많은 어머니와 외로운 남자아이, 경제적인 어려움으로 마음이 울적한 아버지와 그런 아버지를 사랑하는 여자아이가 등장합니다. 같은 시간, 같은 공원에서 한때를 보낸 네 사람은 그날을 완전히 다르게 기억하죠. 이들의 일인칭으로 이어지는 목소리를 모두 듣고 나서야 공원에서 무슨 일이 있었는지 비로소 이해할 수 있습니다. 엄마에게 공원은 수상한 사람들이 있는 위험한 공간이지만, 아들에게는 친구와 만나 추억을 쌓은 즐거운 공간이었습니다. 이렇게 네 사람의 목소리를 통해 한 공원이 각자의 도식 속에서 어떻게 다르게 비치고 해석되는지 이야기해 볼 수 있습니다.

《네 마음을 알고 싶어-두 동물이 겪은 아주 다른 이야기》는 똑같은 상황을 두 가지 관점에서 바라보는 이야기입니다. 등장인물들이 함께 겪은 일들을 각자의 입장에서 전혀 다르게 받아들이는 모습이 유쾌한 웃음과 생각할 거리를 선사합니다.

첫 번째 이야기의 주인공 소녀 '나'는 숲에서 아주 작고 이상한 동물을 만납니다. '나'는 작고 이상한 동물을 구해 주기로 마음먹고 집으로 데려와 깨끗이 씻기고 옷을 입혀 함께 산책을 합니다. 하지만 작고 이상한 동물은 입고 있던 옷을 벗어던지고 창문 밖으로 뛰쳐나갑니다. 그리고 두 번째 이

《네 마음을 알고 싶어!》 피오나 로버튼 글, 그림 | 사파리, 2022년

야기가 시작됩니다. 두 번째 이야기의 주인공 작고 이상한 '나'는 어느 날 숲에서 아주 크고 끔찍한 동물을 만납니다. 커다란 동물에게 잡혀간 '나'는 끔찍한 경험을 합니다. 구토가 날 정도로 목욕을 하고 이리저리 끌려다니던 끝에 드디어 자유를 찾아 탈출하죠.

똑같은 일을 겪었는데 이 둘은 왜 이렇게 다르게 말할까요? 그것은 아마도 자신의 입장에서만 생각하고 판단했기 때문일 겁니다. 그로 인해 오해와 갈등이 생겨난 것이죠. 우리 모두 크고 작은 사회에 속해 있습니다. 그리고 그 안에서 다양한 사람들을 만나며 살아가고 있죠. 이 책은 한번쯤 상대방 입장에서 생각해 보고, 나와 다름을 인정하고 받아들여야 한다는 것을 보여 줍니다. 만남이 풍성해지고 길게 이어지려면 우선 마음의 자세부터 달리 가져야 하는 이유도 바로 그 때문입니다.

《보이거나 안 보이거나》는 묵직한 질문을 산뜻하고 경쾌하게 녹여 냈다

《보이거나 안 보이거나》 요시타케 신스케 글, 그림 | 토토북, 2019년

는 평가를 받은 책입니다. 말 그대로 그림책이 담기에는 다소 버거운 거대 담론을 이야기합니다. '그림책이 이렇게 귀한 것이구나.'라고 생각할 만큼 깊이 있는 책입니다.

이 책은 지은이가 인문학자 이토 아사의 책《눈이 보이지 않는 사람은 세상을 어떻게 보는가》를 바탕으로 지은 책입니다. 지은이 요시타케 신스케가 이토 아사와 의견을 나누면서 만들었다고 합니다. 주인공은 다양한 별에서 만난 우주인들을 통해 점점 도식을 쌓아 가고, 그 도식을 통해 통합적인 사고를 하게 됩니다. 자기 성찰적 질문도 하게 되죠. 그러면서 "재미있게 느껴지는 '다른' 세상을 사는 사람이지만, 닮은 점을 찾으면 반갑고, 다른 점을 만나면 신기해하면서, 서로를 존중하는 좋은 친구로 지낼 수 있다."는 것을 깨닫습니다. 이 책이 말하고자 하는 은유의 세계는 "내가 살던 공간에서 '정상'이었던 나는 다른 세상에서는 평범하지 않은 존재가 되었습니다. 보이는 사람과 보이지 않는 사람은 세상을 느끼는 방식이 전혀 달랐습니다."라는 글에 짙게 녹아 있습니다. 무엇보다 좋은 점은 상상과 공감을 바탕으로 '다름'을 바라보는 '시선'을 함께 제공한다는 것이죠. 피아제의 조직화, 구조화와 함께 연결해 읽으면 좋은 책입니다.

실제 경험을 통해 자신의 도식을 확장해 나가는 것

◆◆◆

피아제의 주장에 따르면 우리 인간은 생물학적으로 인지기능을 갖고 태어났습니다. 세상을 탐구하는 능력, 새로움에 대한 열망, 만족감, 성취감을 누리며 즐거워하는 아이들을 보면 피아제가 말하는 것이 무엇인지 금세 알 수 있죠. '과연 어른도 아이처럼 그렇게 집중적으로 열광하며 배워 나가는 것이 가능할까?'라는 생각이 들 정도로 유아기 아이들의 세상에 대한 호기심은 왕성합니다.

인지기능은 주변 세상과 상호작용하며, 성숙, 경험, 사회 환경, 균형을 기본 요소로 발달합니다. 따라서 부모는 아이가 가진 능력을 믿고, 아이의 인지기능 발달에 적합한 환경을 제공해 주어야 합니다. 아이가 실제 경험을 통해 자신의 도식을 확장해 나가기 때문이죠. 또한 처음에 언급했듯이 인지의 발달 방향도 중요합니다. 아이들이 조력자 어른의 도움을 받아 더 쉽게, 더 멀리 새로운 경험을 자기화해서 확장해 간다면, 마찬가지로 성인 역시 배움과 타인과의 상호작용을 통해 더 높은 고등 정신으로 나아갈 수 있습니다.

요즘은 피아제의 인지발달을 넘어서는 '메타인지metacognition'라는 개념을 많이 사용합니다. 인지라는 학문의 영역도 계속 확장되고 바뀌는 것이죠. 메타인지란 인지 과정에 대해 관찰·발견·통제·판단하는 것으로 '인식에 대한 인식', '생각에 대한 생각', '다른 사람의 의식에 대해 의식'으로 풀이할 수 있습니다. 미국의 발달심리학자 존 플라벨John H. Flavell이 처음으로 정의했습니다. 한마디로 메타인지는 "나는 내가 무엇을 알고, 무엇을 알지 못하는지 알고 있는가?"로 요약할 수 있으며, 이것은 인지를 조망하는 능력, 즉 고차원적으로 생각하는 기술을 의미합니다. 여기서 '조망하는 능력'이란 한발 떨어져 현상을 객관화해서 바라본다는 의미입니다. 이런 능력은 인지 영역에서도 중요하지만, 심리적 영역에서도 아주 중요합니다. 내가 무엇을 알고 무엇을 모르는지 한 발짝 떨어져서 보면 심리적으로도 한결 여유가 생겨 좀 더 멀리, 폭넓게 보게 됩니다.

그림책 《새로운 날개》에는 장난을 치다가 날개가 부러진 벌이 나옵니다. 아빠 벌은 부러진 날개를 고쳐 주기 위해 아이를 병원에 데려갑니다. 병원에서는 날개를 수리하는 동안 다른 날개를 달고 있으라고 합니다. 보관소에 있는 수많은 날개 가운데 아이는 커다란 나비 날개를 고릅니다. 평소

달고 있던 작은 날개에 비해 나비의 날개는 너무 크고 화려합니다. 아빠는 아이의 선택이 틀렸다는 것을 알지만 아무 말도 하지 않습니다. 새로운 날개가 생긴 아이는 기뻐하며 집으로 돌아오지만, 곧 자신의 선택을 후회합니다. 날개로서 제 기능을 하지 못해 불편했기 때문이죠. 만약 아빠가 먼저 아이에게 '이것은 아니란다.'라고 했다면 어땠을까요? 부모의 눈에는 분명 더 좋은 선택이 보이지만, 그것을 부모가 알려 주는 것이 아니라 아이 스스로 경험해야 합니다. 자신의 선택이 어떤 결과를 가져오는지 체득해야 하니까요. 아빠는 아이로 하여금 자신의 한계와 자신에게 어떤 것이 적합한 것인지 스스로 알 수 있는 기회를 허용한 것입니다.

메타인지를 가진 아이는 자신의 강점과 약점, 당면한 작업의 성격, 사용 가능한 도구, 기술을 알고 있습니다. 이러한 것들을 알아 가는 과정이 성장이고 이 과정은 수많은 시행착오를 통해 이루어지죠. 아이가 성장할 때 부모가 지나치게 많은 선택지를 제공하거나 정답을 알려 주면 아이의 메타인지가 전혀 성장할 수 없습니다. 공부도 마찬가지입니다. 시험을 준비하며 잘하는 수학을 먼저 공부할지, 영어를 나중에 공부할지 하는 학습 계획도 여러 번 실수를 반복하며 스스로 만들 줄 알아야 합니다. 그리고 이런 메타인지는 아이들에게만 필요한 것이 아니라 어른들에게도 꼭 필요합니다. 우리 삶은 선택의 연속이니까요.

밀려오는 변화 앞에서

◆◆◆

동화와 조절은 아이에게만 필요한 것이 아닙니다. 어른, 아이 모두 평생해 나가야 하는 과정입니다. 지금부터 피아제의 인지발달이론을 기반으로 하는 세 가지 질문을 하겠습니다. 스스로 답해 보세요.

첫째, 새로운 상황에 맞닥뜨렸을 때 기존 도식을 잘 조절할 수 있는가.

급변하는 세상에서 이미 알고 있는 것만으로는 삶의 난관을 돌파할 수 없습니다. 물론 새로운 상황에 잘 적응하는 사람이 있는가 하면 잘 적응하지 못하는 사람도 있습니다. 나이 들수록 새로운 상황에 적응하기 어려운 것도 사실이죠. 하지만 게을러지고 귀찮아져서 기존 도식을 조절하려는 노력보다 도망가는 쪽을 선택하는 것은 아닌지 생각해 볼 필요가 있습니다. 피할 수 없는 상황이라면 모든 능력을 다 동원해야 합니다. 그만큼 노력해서 새로운 상황에 동화하고 도식을 조절해서 균형을 이루어고 적응해서 살아남을 수 있는 세상이니까요.

둘째, 부모나 사회에서 배운 대로, 주입받은 대로 살고 있는가, 스스로 경험하고 배운 것을 통해 자신만의 이해를 창조하고 있는가.

첫 번째 질문과 비슷해 보이지만 다른 질문입니다. 사회적 틀에 갇혀 남들 가는 대로 이리저리 왔다 갔다 하면서 시간을 보내고 있지 않은지 자신을 돌아봐야 합니다. 지금은 자신만의 이해를 창조하지 않으면 성공할 수 없는 세상입니다. 자녀로서, 부모로서, 직장인으로서의 여러 역할을 한꺼번에 해내면서 나다움을 잃지 않아야 합니다. 그리고 그것들을 통합해 가는 과정이 필요합니다.

셋째, 타인의 관점을 이해하지 못하고 자기중심적 사고로 타인을 바라보지 않는가, 타인의 관점에서 상황을 고려할 수 있는가.

사실 자기중심적 인간이 타인의 관점에서 삶을 조망한다는 것이 얼마나 어려운 일인지 설명하지 않아도 알 겁니다. 특히 요즘같이 빠르게 변화하며 바쁘게 돌아가는 세상 속에서 그렇게 하기는 정말 힘든 일이죠. 그러나 '사고를 확장한다.'는 것은 단순히 '내가 알고 있는지, 모르고 있는지를 인지하는 개념'이 아닙니다. 정확한 의미는 '내가 얼마나 유연한 태도로 변화를 수용할 수 있는가.'입니다. 밀려오는 변화 앞에서 타인의 생각, 타인의 관점이 아니라 나 자신의 생각으로 나의 관점을 바꿔 가고, 나의 관점으로 삶을 살아갈 수 있는 인지적인 힘을 길러야 합니다. 그리고 그 힘을 바탕으로 심리적인 힘을 키워 가야 합니다. 당연히 나의 주장, 나의 핵심이 중요할 수밖에 없습니다. 그런 점에서 그림책은 훌륭한 선생님입니다. 그림책을 통해 평소 내가 보지 못한 관점, 잊고 있던 관점을 볼 수 있고, 새로운 가치와 깨달음을 얻을 수 있으니까요.

picture book psychology picture book psycholog picture book psychology picture book psychology picture book psychology picture book psychology picture book psycholog picture book psychology picture book psycholog picture book psychology picture book psychology picture book psychology

THINK

Think 1 __

피아제 이론에 따르면, 우리는 기본 도식을 변화시키며 인식을 확장하고 성장해 나갑니다.
이를 '동화'와 '조절'이라고 하지요. 혹시 "아이는 ○○ 해야 한다."라는 나만의 중요한 도식이 있나요?

Think 2 __

우리는 오감을 사용하는 '감각운동기'(0~2세), 사고는 가능하지만 조작 능력이 미숙한 '전조작기'(2~7세), 논리적 사고가 생기는 '구체적 조작기'(7~11세), 추상적 사고가 가능한 '형식적 조작기'(11세 이상)를 거치며 성장합니다.
내 아이는 나이에 맞는 인지발달이 이루어지고 있는지 점검해 볼까요?

Think 3 __

그림책 《새로운 날개》의 아빠처럼 아이가 좋은 선택을 하지 않더라도 스스로 깨달을 수 있도록 기회를 주어야 합니다. 나는 아이의 메타인지를 키워 주는 부모인가요?

Think 4 __

자신의 생각에 대해 판단하는 능력인 '메타인지'는 아이뿐 아니라 어른에게도 꼭 필요합니다. 71~72쪽에 있는 세 가지 질문에 대해 나는 어떤 사람인지 스스로 답해 보세요.

PICTUREBOOK

PICTURE BOOK PSYCHOLOGY

3장

에릭슨

심리사회 발달이론

굽이굽이 인생의 긴 강을 안내하다

심리사회 발달이론

《100 인생 그림책》은 0세부터 100세까지, 인간이 각 나이에 마주할 삶의 순간을 그림으로 보여 줍니다. 작가는 이 책을 쓰기 위해 다양한 연령대의 사람들을 만나 "살면서 무엇을 배우셨나요?"라는 질문을 했다고 합니다. 이 말인즉슨, 작가가 인터뷰한 많은 사람이 경험한 삶의 굴곡은 물론 삶의 가치, 삶에 대한 인식, 문제 해결 방식 등이 이 책에 담겨 있다는 의미이기도 합니다.

그런 의미에서 이 책은 에릭슨Erik Homburger Erikson의 '전 생애 발달이론'을 멋진 그림으로 보여 주는 동시에 그림책이 유아기 때만 보는 게 아니라 전 생애에 걸쳐 볼 수 있음을 깨닫게 해주죠.

쉬지 않고 성숙해 가는 존재

◆◆◆

발달의 개념적 정의를 물으면 흔히 '교육' 또는 '학습'이라고 답할 만큼 '발달' 하면 단순히 정규 교과 과정을 떠올리기 쉽습니다. 하지만 에릭슨은 전 생애 발달이론을 통해 발달이란 '인간의 한계점을 넘어 죽을 때까지 이어 가는 성장'이라고 정의했습니다. 인간은 태어나서 영유아·아동·청소년·청년·중년·장년·노년기를 거치며 성숙해 가는데, 어느 순간 더는 성장하지 않는다고 느끼는 순간에도 성장하고 있다는 것이죠.

정신분석의 창시자 프로이트에 따르면 인간에게서 중요한 것은 '리비도(성)'로, 사람은 이 성 에너지가 집중하는 부위에 따라 발달합니다. 프로이트의 심리성적 발달이론에 의하면 특히 발달의 가장 중요한 시기는 구강기(입)—항문기(항문)—남근기(성기) 순으로 진행되는 5세까지입니다. 프로이트는 이때 사람의 성격 대부분이 결정된다고 봤습니다.

에릭슨은 프로이트의 발달이론을 부정했습니다. "무슨 소리야? 모든 게 5세에 결정되어 버리면 그다음부터 아무것도 못 하는 거야? 그럼 인간이 왜 살아?" 그리고 인간은 전 생애를 통해 단계적으로 발달하며, 단계마다 이루어야 할 과업이 있다고 했습니다. 인간의 심리가 중요하긴 하나 이것은 내게도 있고, 네게도 있으므로 인간은 사회 속에서 관계를 맺어 가며 서로의 발달에 영향을 주며 '죽을 때까지' 성장한다고 본 것이죠. 그래서 에릭슨의 이론을 '심리사회 발달이론'이라고 합니다.

에릭슨이 정립한 '전 생애 발달', '평생 발달'에 따르면 누구나 살아가면서 얼마든지 바뀌고 변화할 수 있습니다. 인간은 태어나서 죽을 때까지 쉬지 않고 성숙해 가는 존재이기 때문이죠. 평생교육 학자들이 에릭슨을 빼놓고 이야기할 수 없는 것도 바로 그런 이유 때문입니다.

성장과 쇠퇴의 의미

◆◆◆

에릭슨의 이론에서 가장 중요한 개념은 '발달'입니다. 발달의 개념을 정확하게 모르면 전 생애 발달이론을 이해할 수 없고, 자세히 설명할 수도 없습니다. 아마 '발달' 하면 가장 먼저 떠오르는 단어가 성장, 변화, 단계 같은 키워드일 겁니다. '발달'을 한자로 한번 써보겠습니다.

필 발發, 도달할 달達. 피어서 도달하다. 과연 어디에 도달한다는 것일까요? 이번에는 발과 달의 글자에 생生과 사死를 넣어 보겠습니다.

발달이란 한 사람이 태어나 생을 피우고(發), 죽음에 도달(達)하는 과정이라고 할 수 있습니다. 누구나 살아가다 보면 여러 번 위기를 겪게 됩니다. 에릭슨은 그 과정을 8단계로 나누었고, 그 과정마다 사람이 이루어야(課) 할 일(業)이 있다고 주장했습니다. 발달 단계마다 사회적으로 요구되는 '과업課業'은 개인에게 부과된 성숙도로 볼 수 있으며 때로 인생의 전환점이 되기도 합니다.

그런데 이 단계들은 상호 의존적이어서 한 단계가 성공적이면 다음 단계가 성공적일 가능성 또한 커집니다. 반대로 과업을 이루지 못하고 미해결 과제로 남겨 두면 나중에 '위기'가 닥쳐 옵니다. 가령 질풍노도의 시기인 사춘기에 방황하지 않고 열심히 공부만 했다면 그 단계의 과업을 완수하지 못한 데서 오는 혼란스러운 에너지가 중년에 이르러 발현될 수도 있다는 것이죠.

이해를 돕기 위해 에릭슨의 발달이론을 직선으로 표현했지만, 이 이론은 그리 단순하지 않습니다. 발달에는 성장과 쇠퇴의 의미가 함께 담겨 있습니다. 즉, 에릭슨의 발달에는 순환론적 인생관이 녹아 있습니다. 인간은 태어나서 성인이 되었다가 노인이 되면서 지적 수준도, 신체 능력도 아이처럼 변하지만 노년의 지혜는 아이에게 영향을 줍니다. 이것이 순환론적 발달입니다. 인간에게 부여된 물리적인 숫자는 매년 올라가지만, 이 물리적 숫자가 함의하고 있는 것은 정신적이며, 신체적이며, 심리적인 쇠퇴입니다. 따라서 이 물리적인 숫자는 의미가 없습니다.

그림책 《내 이름은 자가주》는 우리 인생을 은유적으로 실감 나게 표현한 그림책입니다. 부부에게 어느 날 분홍빛 생물이 배달됩니다. '내 이름은 자가주예요.'라고 쓰인 쪽지를 목에 걸고서요. 부부는 아이를 키우며 행복해하지만, 자가주는 끔찍한 울음소리를 내는 독수리가 되었다가 멧돼지가 되었다가 용이 되고 박쥐가 되었다가 털북숭이로 변하면서 부부를 혼란스럽게 합니다. 아이가 성장하는 동안 참을 수 없는 정체성의 혼란을 겪는 사춘기를 은유적으로 표현한 것이죠. 자가주는 이 시기를 무사히 넘기고 예의 바르고 멋진 청년이 되지만, 노년의 부모는 털이 빠지고 부리를 딱딱거리는 펠리컨 한 쌍으로 변해 있습니다. 그런 모습이 읽는 이의 가슴을 먹먹하게 하고 눈물 나게 하는 것은 에릭슨 이론의 순환론적 발달이 보이기 때문이죠.

평생에 걸쳐 8단계로 발달

◆◆◆

전 생애에 걸친 발달과 변화를 강조한 에릭슨은 인간을 합리적인 존재이자 창조적인 존재로 인식했으며 인간 행동의 동기를 '자아'에서 찾았습니다. 즉 우리 인간은 의사결정을 하고 문제를 해결하는 데 있어 합리적이고 의식적인 존재이므로, 지각·사고·주의·기억을 통해 현실을 다루는 자율적 체제를 갖추고 현실에 안착할 수 있게 하는 자아가 그때그때 발달한다고 봤습니다. 다시 말해 프로이트의 말처럼 인간이 수동적이고 무의식에 끌려다니는 존재가 아니라 자아에 의해 행동하는 능동적인 존재라고 본 것입니다. 에릭슨과 프로이트는 둘 다 정신분석적 관점에서 인간을 이해했고, 성격 형성에 있어 초기의 경험이 중요하며 누구나 보편적인 발달 단계를 거친다고 봤습니다. 그러나 프로이트는 어린 시절의 꿈과 사고, 원초아[2]를 중시했으며, 에릭슨은 사회적 경험을 통해 만들어진 자아를 중시했습니다. 또한 프로이트는 정신병리적 견해로 사람을 보고 부모의 영향에 중점을 두었지만, 에릭슨은 인본주의적 견해를 견지하며 사회 영역과 전 생애 발달 심리학을 연구했죠.

에릭슨의 연구에 따르면 인간의 성격 발달은 평생에 걸쳐 8단계로 발달합니다. 에릭슨이 이론을 정립할 때는 1940~50년대로 세계대전이 발발한

2 성격구조의 한 부분으로서, 출생 때 나타나며 지속적인 욕구 충족을 추구하는 성격의 생물학적 요소.

때입니다. 지금의 기대 수명과는 차이가 클 때죠. 5단계까지는 촘촘한 데 비해 그 이후부터는 세밀하지 못한 것이 그런 이유가 아닐까 싶습니다. 과거에는 결혼 연령이 20대 초반이었지만 지금은 결혼 적령기라는 말조차 사라졌죠. 한 예로 요즘 50대는 스스로를 중년이라고 보지 않습니다. 청년 못지않은 에너지를 갖고 그들 못지않게 많은 활동을 하고 있으니까요. 현대사회는 점점 고령화되어 가고 있고, 청년·중년·노년에 대한 개념도 많이 바뀌었습니다. 이러한 점들까지 고려해서 에릭슨의 이론을 들여다봐야 합니다.

1단계, 이 세상을 신뢰할 수 있는가

0세부터 1세까지의 아기들에게도 과업은 있습니다. 이 세상을 신뢰할 수 있는가, 하는 '신뢰감 형성'이 그것입니다. 영아 시절, 엄마(양육자)의 영향은 지대할 수밖에 없습니다. 물론 양육자가 일관적으로 행동해야 합니다. 양육자의 메시지를 예측하게 된 아기가 "나는 저 사람에게 의지할 수 있어." 라고 느끼면서 기본적인 신뢰를 갖게 되기 때문입니다. 하지만 양육자가 갑작스럽게 행동을 철회하거나 불규칙적으로 돌본다면 아기는 당연히 양육자를 불신하게 됩니다. 만약 이 시기에 아기가 양육자에 대한 신뢰감을 제대로 형성하지 못하면 어떻게 될까요? 아이의 자존감은 떨어지고, 성장하면서 인생을 부정적인 시선으로 보다 결국 타인에 대해 폐쇄적인 자세를 갖게 되면서 인생 후기에 맺는 사회적 관계에도 커다란 영향을 미칩니다. 말은 못 해도 아기들은 자신이 거절당하는 것을 알고 있습니다. 그리고 "아, 내가 이 세상에 잘못 왔구나."라는 부정적인 감정을 가질 수 있죠.

2단계, 나 자신의 행동을 통제할 수 있는가

2~3세 아이에게 부과된 과업은 나 자신의 행동을 통제할 수 있는가, 하는 '자율성'과 '독립성' 획득입니다. 이때는 근육이 발달하면서 스스로 행동하게 되고 "내가 할 거야.", "안 해.", "내 거야."라는 식의 자기주장이 강해집니다. 특히 이 시기에는 배변 훈련을 통해 스스로 뭔가를 할 수 있다는 믿음을 갖게 됩니다. 그리고 자신의 존재나 행동을 거부당하면 수치심을 느끼게 되죠. 사람이 태어나서 가장 처음 만드는 것은 무엇일까요? 바로 똥입니다. 비위 약한 분은 더럽다고 손사래 칠 수도 있을 테지만 방귀나 똥은 심리학적으로 유의미한 단어이기도 합니다.

그림책에서는 신체에서 일어나는 생리적 현상을 자연스럽게 표현하는데 《고구마구마》, 《누가 내 머리에 똥 쌌어?》, 《강아지똥》처럼 아름답고 귀한 책들이 참 많습니다. 아이에게 똥은 유일한 창조물이며, 중요한 정체성이기도 합니다. 아이들이 똥을 누고 나서 엄마 손을 끌고 가 자랑스럽게 보여 주는 것도 이 때문이죠. 이때 "황금똥을 쌌네, 잘했어.", "쑥쑥 잘 쌌네. 장하다."라고 부모로부터 칭찬을 들은 아이들은 자신이 아주 중요한 존재라고 생각하고 자부심을 느끼는 반면 "내가 너 때문에 못 살아. 더럽게 이게 뭐야!", "제대로 못 해?"라며 야단을 맞은 아이는 뭔가 잘못되었다고 생

《강아지똥》 권정생 글, 정승각 그림 | 길벗어린이, 1996년

각하고, 수치심을 느낍니다.

3단계, 나의 한계를 찾아낼 수 있는가

4~5세 아이에게 부과된 과업은 '부모에게서 독립하고 나의 한계를 찾아낼 수 있는가?'입니다. 4~5세 아이를 키우는 집을 떠올리면 아마 장난감으로 뒤죽박죽, 엉망진창인 모습일 겁니다. 오히려 깨끗하다면 문제가 되겠죠. 난장판인 집은 아이들이 주도성을 키우는 현장입니다. 이 시기의 아이들은 자신을 둘러싼 세계를 적극적으로 탐색합니다. 아이에게 책은 장난감이나 마찬가지입니다. 책으로 집도 짓고, 책장에 낙서도 하죠. 이런 주도성을 잘 키워야 창의성으로 연결될 수 있는데 부모가 "이 비싼 책을!" 하면서 야단을 친다면? 제재한다면? 체벌한다면? 어떻게 될까요?

그림책 《줄리의 그림자》에 등장하는 아이처럼 될 가능성이 농후합니다.

줄리의 부모님은 롤러스케이트를 신고 침대 위에 올라가고, 거칠게 말하는 남자아이 같은 줄리가 못마땅합니다. 얌전하고 단정하게 여자아이처럼 행동하기를 바라죠. 그러던 어느 날, 줄리의 그림자가 남자아이로 바뀝니다. 본인의 성향대로, 욕구대로 행동하지 못하고 결국 자신이 누구인지 어떤 사람인지 혼란스러워하게 됩니다. 이 나이대에는 당연히 하면 안 되는 걸 배우면서 좌절도 하고, 성장하면서 죄책감도 느낍니다. 죄책감은 도덕성의 기초가 될 수 있지만, 지나치면 '퇴행'을 일으킬 수도 있습니다. 어느 쪽으로 아이가 성장할지는 양육자의 몫이지만, "우리 애는 너무 착해요", "우리 애는 그런 적이 없어요."라고 하는 아이일수록 나중에 문제가 커질 수 있다는 점을 기억하면 좋겠습니다.

4단계, 생존과 적응에 필요한 기술을 익힐 수 있는가

6~11세 아동에게 부과된 과업은 '나는 생존과 적응에 필요한 기술을 익힐 수 있는가?'입니다. 부모나 교사가 다양한 기회를 제공하고, 결과에 대해 칭찬하고 격려하면 아이에게 근면성이 형성되며, '정적 강화'가 일어납니다. 정적 강화란 좋은 일을 해서 칭찬을 받으면 "아, 이런 일을 하면 칭찬받을 수 있구나."라는 걸 깨닫게 되면서 칭찬받은 일을 더 많이 하려고 노력하는 것을 말합니다. 반대로 이 시기에 제대로 교육받지 못하거나 무리한 요구로 인한 실패를 계속 경험하면, 아이는 부정적이 되고 열등감이 생깁니다. 따라서 이때는 실패를 경험하지 않도록 목표를 너무 높게 잡지 않아

《에드와르도》 존 버닝햄 글, 그림 | 비룡소, 2006년

야 합니다.

존 버닝햄의 그림책 《에드와르도》에는 '세상에서 가장 못된 아이'라는 부제가 붙어 있습니다. 에드와르도는 주변에서 흔히 볼 수 있는 보통 꼬마인데 에드와르도를 바라보는 어른들의 시각은 극명하게 나뉩니다. 어른들이 "너는 못된 아이야.", "너는 말썽쟁이야.", "너는 심술쟁이야.", "인정머리 없는 녀석이야."라고 하면 에드와르도는 진짜 그렇게 행동합니다. 그런데 어른들이 "네가 하려고 한 게 이런 거구나.", 정말 예쁘구나.", "잘했구나." 하고 칭찬하자 에드와르도는 변화하기 시작합니다. 결국, 아이는 어른에 의해 '빚어지는' 존재란 것을 보여 주죠. 아이는 백지나 마찬가지입니다. 《에드와르도》는 어른이 무엇을 기대하는지에 따라 아이가 바뀔 수 있다는 것을 극명하게 보여 주는 그림책입니다. 어른의 말에 따라 극명하게 달라진다는

말에 에드와르도를 줏대 없는 아이라고 비난하는 사람이 있을까요? 아이는 줏대가 없는 게 맞습니다. 줏대를 세워 가는 존재가 바로 아이니까요.

5단계, 나는 이 사회 속에서 어떤 위치에 있는가

12~20세 청소년들에게 부과된 과업은 '나는 이 사회 속에서 어떤 위치에 있는가?'입니다. 자아 정체성 확립이라는 과업을 이루기 위해서 고생하고 아파하며 눈물, 콧물을 흘리는 시기죠. 물론 이때도 완전히 개념을 익히는 것은 아니지만 질풍노도를 경험하며 자신을 단단하게 다져 나갑니다. 만약 이 시기를 잘못 보내면 성인기로 넘어가지 못하고, 자칫하면 에릭슨처럼 모라토리엄, 즉 사회적 유예기를 가지게 됩니다.

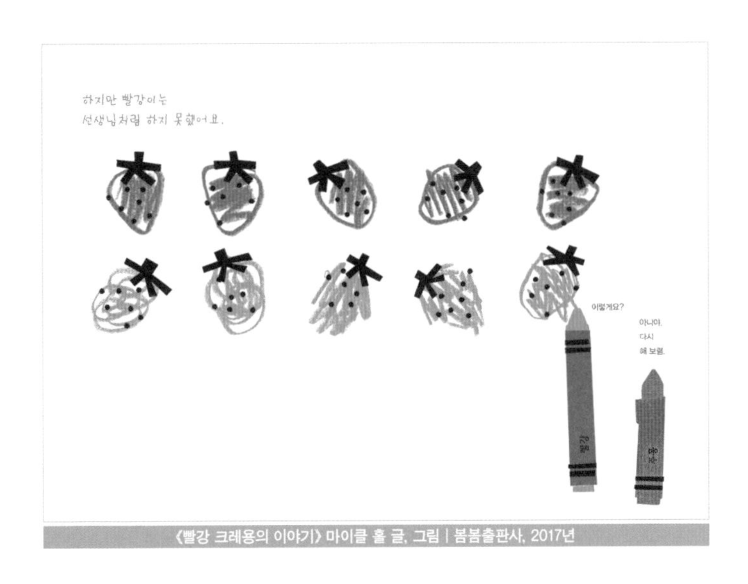

《빨강 크레용의 이야기》 마이클 홀 글, 그림 | 봄봄출판사, 2017년

그림책《빨강 크레용의 이야기》는 정체성에 관한 이야기입니다. 빨강이는 공장에서부터 빨강 옷을 입고 태어났지만 빨간색을 잘 그리지 못합니다. 주위 사람들은 노력이 부족하다고, 시간이 지나면 나아질 것이라고, 또는 포장지가 너무 꼭 낀다거나 너무 뭉툭해서 그렇다고 생각합니다. 그러던 어느 날 빨강이는 자두를 만나고, 자두는 빨강이에게 자두색 배를 위해 바다를 그려 달라고 부탁합니다. 빨강은 자신 없어 했지만, 자두는 일단 해 보라며 빨강이를 격려합니다. 결국 빨강이가 용기를 내서 그렸더니 예쁜 푸른 바다가 그려졌습니다. 그동안 자기가 입은 빨강 옷이 말해 주는 정체성대로 자신이 '빨강'인 줄 알고 살았던 빨강이는 사실 파랑이었습니다. 그동안 제 역할을 해내지 못했을 때 많은 질타를 받고 그 때문에 우리가 얼마나 좌절하고 수치심에 시달려 왔는지를 잘 알려 주는 그림책입니다. 혹시 우리도 빨간 포장지를 두른 파랑 크레용, 빨강이의 모습과 비슷하지 않을까요?

6단계, 나는 다른 사람에게 나 자신을 아낌없이 줄 수 있는가

21~34세 사이에 우리는 본격적인 사회생활을 시작합니다. 사회생활을 하며 예측할 수 있는 사람들과 지내는 것이 아니라 예측할 수 없는 다양한 사람들을 만나면서 그들과 친밀감을 주고받으며 살아야 합니다. 이때 부과된 과업은 '나는 다른 사람에게 나 자신을 아낌없이 줄 수 있는가?'입니다. 만약 이것이 안 되면 소위 말하는 고립감을 느끼게 되고, 자아 상실에 대

《선아》 문인혜 글, 그림 | 이야기꽃, 2018년

한 두려움 때문에 타인과 관계를 맺지 못하게 됩니다.

문인혜 작가의 《선아》는 불안한 시대를 사는 20대의 이야기입니다. 취업 준비생 선아는 반지하 원룸에서 잠이 깨 학원 면접을 보러 갑니다. 학원에서는 미성숙한 사내아이들이 선아가 단지 여자라는 이유로 종이컵이며 우유 팩, 깡통 따위를 던지며 장난을 칩니다. 버스에서는 뭔지 모를 불만 많은 청년 때문에 선아의 안경이 깨지지만 선아는 항의 한번 하지 않습니다. 세상이 그어 놓은 선을 넘어 본 적이 없지만, 선아는 늘 벼랑 끝에 서 있는 듯 불안하고 위태롭습니다. 아르바이트를 하고 집으로 돌아오는 길에, 선아는 공사장에 나뒹구는 노란 안전모를 물끄러미 바라보다 주워 들고 옵니다. 그리고 다음 날, 선아는 안전모를 쓰고 집을 나섭니다. 인파 속에서도 눈에 두드러지는 노란 안전모를 보며 최소한의 희망을 보장받으며 안전하게 살고 싶은 수많은 선아의 모습을 떠올리게 됩니다.

7단계, 나는 다음 세대에게 무엇을 줄 수 있는가

35~60세 시기에 부과된 과업은 '나는 다음 세대에 무엇을 줄 수 있는가?'입니다. 이 시기는 생산성과 침체감으로 나뉘는데, 여기서 말하는 생산성이란 무엇을 만든다는 의미가 아닙니다. 나의 가치관, 양육관 등을 정립하고 내 자식이나 내가 살아가는 사회를 위해 어른으로서 감당해야 하는 역할을 의미합니다. 다시 말해 이웃과 세계를 위해 의미 있는 일을 실천하고, 다음 세대에 영향을 끼치고 이끌어 가려는 욕구를 만족시키는 시기입니다. 이 시기에 생산성이 없으면 자식들과 연결되지 못하고, 사회에 영향

《지하정원》 조선경 글, 그림 | 보림, 2005년

력을 미치지 못하면 외롭고 침체해져 고독사孤獨死의 가능성이 큽니다.

조선경 작가의《지하정원》은 에릭슨의 7단계 관점에서 바라볼 수 있는 그림책입니다. 청소부 모스는 매일 밤 지하철을 청소합니다. 어느 날 사람들이 터널에서 풍겨 오는 고약한 냄새 때문에 불평하자 모스는 조금 더 일찍 출근해 터널 속을 청소하기 시작합니다. 그러던 중 터널 속에서 지상과 연결된 환기구를 발견하고, 그곳에 작은 지하정원을 만듭니다. 그곳에 뿌리를 내린 나무는 시간이 흘러 지상으로 가지를 내밀고, 결국 사람들에게 그늘을 제공하는 커다란 나무로 자라납니다. 아무도 알아주지 않는 곳에서 묵묵하게 자신의 소임을 다하는 청소부 모스의 행동은 평생 발달이라는 개념에 대해 깊이 생각해 보게 합니다.

8단계, 나는 내 평생에 한 일과 역할에 대해 만족할 수 있는가

8단계는 죽음에 도달하는 과정입니다. 60세 이후 노년기에 접어든 8단계는 자아 통합의 시기입니다. 이 시기에 부과된 과업은 '나는 내 평생에 한 일과 역할에 대해 만족할 수 있는가?'입니다. 60세 이후에는 "나는 여태껏 살아오면서 지금이 제일 좋아.", "제일 편해.", "이제 죽어도 여한이 없어."라고 말하는 사람과 "내 인생이 왜 이렇게 박복한지 모르겠다!", "미치겠다!", "지금까지 뭘 했나."라고 말하는 사람 이렇게 두 부류로 나뉩니다. 가장 큰 차이점은 자신의 삶을 바라보는 관점의 차이입니다.

자아 통합에 이른 사람은 비록 몸은 쇠하지만, 지혜를 얻어 부족한 부분

《할머니 주름살이 좋아요》 시모나 치라올로 글, 그림 | 미디어창비, 2016년

은 채우려고 하고, 넘치는 것에 감사할 줄 압니다. 반면 자아 통합에 이르지 못한 사람은 과거를 후회하고, 놓친 기회에 대해 분노하고, 좌절하고, 자기 삶에 대해 절망하며, 타인을 경멸합니다.

에릭슨의 심리사회 발달이론에서 8단계 자아 통합을 그린 그림책으로 《할머니 주름살이 좋아요》를 소개하고 싶습니다. 《할머니 주름살이 좋아요》에서 손녀는 생일을 맞은 할머니의 주름살을 걱정하지만 할머니는 자신의 주름살이 좋다고 말합니다. 그 이유는 주름살 하나하나에 인생이 담겨 있기 때문이죠. 그리고 손녀가 주름살을 짚을 때마다 그에 깃든 추억을 들려줍니다. 결국 이야기를 다 들은 손녀는 "나도 할머니처럼 늙어 가면 좋겠다."고 생각하게 됩니다.

불신과 신뢰가 조화를 이루지 못하면

◆◆◆

사람은 긍정적 특질과 부정적 특질을 동시에 가지고 있습니다. 그래서 발달 단계에서 과업을 이룰 때마다 개인이 가진 긍정적 특질과 부정적 특질이 드러나게 되죠. 이것을 '양극의 단계', '양극의 발달'이라고 합니다.

긍정적 특질은 각 단계에서 자아가 올바르게 발달할 때 나타나는 발달의 정상적 상태를 말합니다. 부정적 특질은 자아의 긍정적인 특질이 불완전하게나마 실현된 상태를 의미합니다. 다시 말해 부정적 특질이란, 부정적인 것이 아니라 긍정적 특질이 나타나긴 하나 불완전한 상태를 의미합니다. 특기할 것은 긍정적 특질만 실현한다고 해서 좋은 것은 아니라는 점입니다. 건강한 자아 발달을 위해서는 긍정적인 특질과 부정적인 특질의 비율을 적절히 조절하는 것이 좋기 때문이죠.

완벽한 엄마 자궁에서 생을 피운 아이는 '편안便安'하지 않은 감정을 가진 채 떠밀리듯 밖으로 나옵니다. 바깥세상에 나온 아이가 처음으로 느끼는 감정은 결코 행복이 아닙니다. "안전한 공간에서 왜 나를 빼내는 걸까?", "도대체 무슨 상황이지?", "앞으로 누가 날 먹여 주지?", "이러다 죽는 게 아닐까?"라는 불안, 공포, 두려움을 느낍니다. 그런 마음 이면에는 세상에 대한 불신이 자리 잡고 있습니다. 그래서 유아기에는 불신이라는 감정이 부정적 특질로 나타나죠.

그렇다고 아이에게 불신만 있는 것은 아닙니다. 두려움을 가득 안고 떠밀려 나온 순간 너무 기다렸다고, 사랑한다고, 따뜻하게 안아 주는 사람 덕분에 약간의 믿음이 생깁니다. 물론 백 퍼센트의 믿음은 아닙니다. 신뢰와 불신의 마음이 뒤섞여 있죠.

이처럼 인간은 적절한 비율의 신뢰와 불신을 가지고 움직입니다. 어릴 때 이 불신과 신뢰가 조화를 이루지 못하면 성인이 되어 다단계에 빠지거나 사이비 종교에 빠지거나 사기를 당할 수도 있습니다. 따라서 유아기에는 적절하게 타인에 대한 불신의 마음을 가지는 것이 성장의 정상적인 과업입니다. 두 권의 그림책《인생은 지금》과《오늘 상회》에는 모두 '주저하는 나'가 등장합니다. 주인공은 긍정과 부정이 뒤섞여 오늘을 즐기지 못하는 사람입니다.

일만 하느라 모든 것을 미뤄 왔던《인생은 지금》속 남자는 은퇴하면서

〈인생은 지금〉 다비드 칼리 글, 세실리아 페리 그림 | 오후의소묘, 2021년

《오늘 상회》 한라경 글, 김유진 그림 | 노란상상, 2021년

그동안 못 한 것을 반려자와 함께할 수 있으리라 기대하며 즐거워합니다. 그런데 여자는 "내 인생은 이미 여기 있다."고 하며 시큰둥해합니다. 귀찮아하는 여자의 말과 행동에 남자는 점점 시무룩해지지만, 포기하지 않고 끊임없이 마음을 피력합니다. "인생은 쌓인 설거지가 아니야. 그러다 시간이 다 가버린다고. 나랑 지금 이 순간을 살고 싶지 않아?"라고요.

익숙한 것에 자꾸 안주하려고 하면 그것을 뛰어넘지 못하는 법이죠. 책 제목 '인생은 지금'처럼 혹시 우리는 지금까지 너무 많은 것을 유예하며 임시방편으로 살아가는 것은 아닌가, 생각해 보게 됩니다.

《오늘 상회》에서는 사람들이 반짝이는 작은 병에 담긴 '오늘'을 마셔야 하루가 시작됩니다. 바쁜 회사원과 학생들, 진한 향수 냄새를 풍기는 아저씨, 주근깨가 매력적인 어린아이가 오늘 상회를 찾아옵니다. 그리고 머리가 하얗게 센 할머니도 오늘 상회에 옵니다. 할머니는 오랜 시간 찾아온 손님입니다. 그러던 어느 날, 누군가의 죽음을 암시하는 장면과 함께 오늘 상회에 가는 대신 공원의 작은 벤치에 앉아 있는 할머니가 보입니다.

할머니는 오늘 상회에 가는 것을 주저합니다. 마치 자기의 삶을 끝내 버리려는 느낌입니다. 그 순간 아이가 할머니의 앞을 지나가고, 그 모습을 본 할머니는 깨닫게 됩니다. 오늘이 자신을 간절히 부르고 있다는 사실을요. 영원히 멈춰 있을 것만 같던 할머니의 발걸음이 다시 움직이기 시작합니다. 그리고 자연스럽게 자기 인생에 순응하는 할머니의 풍성하고 찬란한 노년으로 마지막 장이 마무리됩니다. 만약 할머니가 아이를 보지 못했다면, 살랑거리는 바람과 내리쬐는 햇살을 느끼지 못했다면, 벤치에서의 시간이 할머니 인생의 마지막이 되지 않았을까요?

인생은 새옹지마라고, 지금 힘들어도 그 순간을 견디면 또 다른 순간이 찾아옵니다. 외면하고 싶을 정도로 힘겨운 오늘도 있지만, 어떤 오늘이라도 변하지 않는 단 하나의 사실은, 우리의 오늘이 소중하다는 사실입니다.

어떻게 죽음에 잘 도달할 것인가

◆◆◆

프로이트의 5세 결정론에 따른다면 에릭슨의 인생은 진작 끝났어야 했지만, 극심한 정체성 혼란을 겪던 꼬마는 누군가가 내민 도움의 손길 덕분에 인생 역전에 성공할 수 있었습니다. 안나 프로이트를 만나 정신분석을 공부하던 에릭슨은 생각했습니다. 인생은 5세에 결정되는 것이 아니며 그때그때 인생을 갈아엎을 '아하'를 경험할 수 있는 순간이 생긴다고, 어떤 일에 대해 항상 A라고만 판단했던 것을 B로 해석할 수 있게끔 생각을 바꿔주는 누군가를 만날 수 있고, 그것이 인생의 전환점이 될 수 있다고 말이죠. 평생 동안 그때가 언제가 되던, 단 한 번의 만남으로도 인생은 바뀔 수 있습니다. 그런 의미에서 에릭슨은 평생교육을 이야기했으며, 인생에서 "의미 있는 타자는 누구인가?"에 관해 끊임없이 파고들어 심리사회 발달이론을 정립했습니다.

제임스 애그레이의 그림책 《날고 싶지 않은 독수리》는 책의 내용보다 제목이 주는 울림이 더 큰 작품입니다. '날지 못한다'와 '날고 싶지 않다'의 차이는 무엇일까요? 고정순 작가가 펴낸 그림책 《나는, 비둘기》에는 도시에서 살아가는 비둘기가 등장합니다. 전구에 날개를 다친 비둘기는 두 다리로 부지런히 걸어 다니며 먹이를 찾고, 눈먼 늙은 쥐를 도와주기까지 합니다. 하지만 부서진 유리 조각에 다리 하나를 잃은 후에는 그마저 여의치 않게 됩니다. 결국 비둘기는 남은 한쪽 다리로 콩 콩 콩 뛰어다니며 달라진 환경에 익숙해지려고 노력합니다. 그리고 언젠가 다시 한 번은 날 수 있으리라는 희망을 품고 살아가죠.

《날고 싶지 않은 독수리》에는 《나는, 비둘기》와 대조적인 독수리가 등장합니다. 한 남자가 숲에서 독수리는 발견하고 집으로 데려옵니다. 독수리

《나는, 비둘기》 고정순 글, 그림 | 만만한책방, 2022년

는 닭과 오리가 함께 있는 우리에서 닭 모이를 먹고 살아갑니다. 몇 년 후 우연히 그곳에 들른 동물학자가 그 모습을 보고 깜짝 놀라 독수리를 날려 보려 하지만 독수리는 날지 않습니다. 독수리를 기르던 남자와 독수리마저도 이제는 닭이라고 생각하고 있는 겁니다. 더는 날고 싶어 하지 않는 독수리를 날게 하려고 동물학자는 새벽부터 무거운 독수리를 망태에 넣어 짊어지고 높은 산을 오릅니다. 아무런 상처가 없는데도 어린 시절부터 날지 못한 탓에 날려는 의지를 상실한 독수리의 마음이 왜 그렇게 되었는지 깊이 생각해 봐야 할 책입니다.

에릭슨은 자신의 정체성에 대해 깊이 고민한 끝에 중등교육(김나지움)을 마치고 방랑길에 올랐습니다. 생부가 누구인지 비밀이었던 데다 외모 탓에 또래 아이들에게 놀림을 받았기 때문이죠. 그리고 우연히 프로이트의 딸이자 정신분석학자인 안나 프로이트를 알게 되고, 1927년부터 오스트리아 빈의 정신분석학연구소에서 6년 동안 정신분석을 공부하며 '나도 날아 볼까?', '나도 날 수 있을까?'라는 희망을 품게 된 것은 결코 우연이 아니었습니다. 에릭슨이 말한 발달이론의 핵심은 흘러가는 물처럼 우리 인생도 흐르고 있다는 것입니다. 만약 그렇지 않다면 그것은 죽은 인생입니다. 우리 모두의 인생은 멈추지 않고 흐르고 있습니다. 그래서 에릭슨 이론은 'became' 과거형이 아니라 'becoming' 즉 현재 진행형에 가깝습니다. 비슷한 철학은 동양에도 있습니다. 바로 '일신일신우일신日新日新又日新' 사상입니다. '날마다 새롭게'라는 의미로 나날이 새롭게 발전하는 모습을 나타낼 때 쓰는 표현입니다. 동양에서도 삶은 흐른다고 본 것이죠.

에릭슨 이론의 끝에는 '인간은 어떻게 죽음에 잘 도달할 것인가'라는 과업이 있습니다. 죽는 것이 아니라 죽음에 '도달'하는 것입니다. 그 차이를 깨달을 수 있다면 인생은 한층 더 깊어질 수 있습니다. 에릭슨을 통해 죽음의 깊이를 고찰하고, 그를 통해 삶을 다시 한 번 되돌아봄으로써 현재의 삶이 얼마나 의미 있고, 가치 있으며, 소중한지를 깨달을 수 있습니다.

고정순 작가의 그림책 《어느 늙은 산양 이야기》는 작가의 유서라고 할 만큼 강렬한 메시지를 던집니다. 삶과 죽음의 모호한 경계를 보여 주죠. 늙은 산양은 자꾸만 지팡이를 놓치는 자신의 모습에서 죽음이 가까이 왔음을 직감하고, 죽음을 맞이하기 좋은 곳으로 떠납니다. 그러나 젊은 시절 멋지게 누비던 너른 들판은 늙은 산양이 발조차 디딜 수 없을 만큼 혈기 왕성한 동물들이 차지하고 있습니다. 늙은 산양은 젊은 시절 단숨에 오르내

《어느 늙은 산양 이야기》 고정순 글, 그림 | 만만한책방, 2020년

리던 높은 절벽에서 숨이 턱 막히는 경험을 하고, 다시 늘 목을 축이던 시원한 강가를 찾지만 강물에 비친 늙고 힘없는 자신의 모습을 마주합니다.

멋진 죽음을 준비하는

◆◆◆

불분명한 오늘을 사는 인간에게 죽음이란 모두가 가야 할 길이지만, 누구도 쉽게 말할 수 없는 인생의 마지막 여행길입니다. 쇠약해진 몸으로 젊은 날 행복했던 기억을 순례하며 죽음을 향해 가는 늙은 산양의 긴 여정

《여행 가는 날》 서영 글, 그림 | 위즈덤하우스, 2018년

은 모두에게 전하는 마지막 인사처럼 들립니다. 멋진 죽음을 준비하는 늙은 산양에게 찾아온 죽음, 결국 이 이야기는 우리 모두의 이야기일 수 있습니다. 천생 시인이었던 천상병 선생은 〈소풍〉에서 죽음을 이렇게 표현했습니다. '나 하늘로 돌아가리라 / 아름다운 이 세상 소풍 끝나는 날 / 가서, 아름다웠더라고 말하리라'라고. 천상병 시인에게 집은 천상이고, 현실을 살았던 인생은 소풍이자 여행이었던 것이죠.

서영 작가의 그림책 《여행 가는 날》에도 죽음을 준비하며 여행을 떠나려는 할아버지가 등장합니다. 어느 날 밤늦은 시각에 할아버지를 찾아온 손님이 있습니다. 할아버지는 마치 기다렸다는 듯이 손님을 반기고, 부지런히 여행 준비를 시작합니다. 먼 길을 가야 하니 달걀도 넉넉히 삶고, 깨끗이 씻고, 수염도 말끔히 면도합니다. 아끼던 양복을 꺼내 입고, 장롱 밑 깊

숙이 넣어 둔 동전을 모아 여비를 마련합니다. 어디인지도 모르고 한번도 가 보지 않은 먼 곳이지만, 그리운 사람을 만날 수 있다는 생각에 할아버지의 마음은 편안하고 가볍기만 합니다. 인생이라는 긴 여행을 쉼 없이 지나오며 모든 걸 내려놓을 때가 온 것을 알고, 자연의 이치인 죽음을 순순히 받아들이는 것입니다. 그러니 살아 있는 동안 우리는 부단히 걸어가야만 합니다. 에릭슨은 이렇게 말했습니다.

"네가 20대에 만나지 못하면, 30대에 만날 것이고, 30대에 못 만나면 60대가 되어서 만날 수도 있다. 그러니까 놓지 마, 멈추지 마."

THINK

Think 1 ___

에릭슨은 심리사회 발달을 8단계로 구분했습니다. 내 아이는 어느 단계에 속하는지, 나는 어떤 단계에 속하는지 살펴보고 나이에 맞는 심리사회 발달이 이루어지고 있는지 점검해 봅시다.

Think 2 ___

건강한 자아 발달을 위해서는 긍정적 특질과 부정적 특질이 조화롭게 나타나야 합니다. 나의 인생 곡선과 아이의 인생 곡선을 그려 보세요. 두 가지 특질이 적절히 균형을 이루고 있나요?

Think 3 ___

'내가 바라보는 나'와 '타인이 바라보는 나'는 어떤 모습인가요? 어떤 게 같고 어떤 게 다른가요?

Think 4 ___

에릭슨 이론의 끝에는 '인간은 어떻게 죽음에 잘 도달할 것인가'라는 과업이 있습니다. 내 인생 끝에 잘 '도달'하기 위해, 나에게 중요한 인생 목표는 무엇이며 목표가 된 이유는 무엇인가요?

PICTUREBOOK

PICTURE BOOK PSYCHOLOGY

4장

보웬

가족 관계의 정서적 밀착

나의
핏줄 이력서

정서적 밀착

그림책 작가 앤서니 브라운의 《돼지책》은 가족이 어떤 모습이어야 하는지를 보여 주는 고전 중의 고전입니다. 이 책을 읽어 봤다면 이미 깨달았을지도 모르겠습니다. 《돼지책》에는 엄마의 얼굴과 표정이 나오지 않는다는 사실을요. 그리고 무엇인가 유쾌하지 않은 우울한 정서가 느껴지기도 하는데 그 이유는 나중에 등장하는 아버지와 두 아이를 보면 알 수 있죠. 아버지는 지나치게 권위적이고, 아이들은 이기적입니다. 결국, 엄마는 "너희들끼리 한번 살아 봐." 하고 집을 나가 버리는데 이 상황을, 자기감정을 다스리지 못한 엄마의 단순 가출로만 해석할 수는 없어 보입니다.

가족은 정서 체계로 움직입니다. 엄마가 찾고 싶었던 것은 아마 부정적인 정서로 흘러가는 가족 문제를 해결할 수 있는 실마리였을 겁니다. 현실에서 한 걸음 뒤로 물러나 가족 관계를 객관적으로 되짚어 보려고 한 것이죠. 무엇보다 이런 휴지기가 엄마에게는 선물 같은 시간이었을 테고, 아버지와 두 아들에게는 현실을 직면할 절호의 기회였겠죠.

엄마의 의도대로 현실과 맞닥뜨린 아버지와 아들들은 돼지의 모습으로 변합니다. 무슨 의미일까요?

외모가 사람 같다고 해서 모두 다 사람은 아닙니다. 어떤 면에서 '개돼지만도 못한' 행동을 하거나 습관을 가진 사람이 있을 수 있고, 앤서니 브라운은 이것을 말이 아닌 그림으로 보여 준 것이죠. 이런 시각화는 현실을 무의식적, 직관적으로 깨닫게 합니다. 그만큼 더 큰 충격으로 다가옵니다. 아버지와 아들들은 지금까지 겪어 보지 못한 일을 겪으면서 현실을 깨닫고, 마침내 엄마에게 진심으로 미안해합니다. 그동안 엄마라는 존재를 실감하지 못한 것과 그런 엄마에게 공감하지 못한 것에 대해서요. 결국 이러한 진심이 가족의 바탕을 이루었을 때 비로소 엄마가 제자리로 돌아옵니다. 그리고 서로에게 온전한 가족이 되어 주죠.

이 책의 마지막 장은 첫 장과 대조적입니다. 행복한 표정으로 기계를 만지고 있는 엄마의 모습을 보여 주죠. 아버지는 밖에서 일하는 사람, 엄마는 집안일을 하는 사람으로 굳어져 있는 성 역할의 경계를 단번에 허물어뜨린 순간입니다. 바로 이러한 점이 《돼지책》의 완성도를 한층 더 끌어올렸다고 봅니다.

가족이라는 체계 아래

◆◆◆

가족은 '혼자'를 의미하지 않습니다. '가家'가 형성되려면 두 사람 이상이 모여야 합니다. 바로 그게 가족입니다. 너무 당연한 이야기처럼 들리겠지만, 우리에게는 정말 중요한 개념입니다.

보웬Murray Bowen은 가족 체계를 하나의 정서적 단위이자 관계망, 즉 네트워킹으로 보았습니다. 개인을 무시한다는 뜻이 아니라, 한 알 한 알이 모인 포도처럼 개인을 가족이라는 전체 체계의 '일부분'으로 본 것입니다. 그리고 보웬은 가족을 감정 덩어리로 얽힌 집합체로 보았습니다. 감정을 가진 두 사람 이상의 사람이 모여 군群을 이루면 이것이 곧 정서가 되는 것입니다. 사람을 만나다 보면 그 사람 특유의 분위기가 느껴질 때가 있습니다. 유쾌하거나 차분하거나 왠지 모르게 포근하거나 우울하거나 어둡거나, 하는 감정들이 모여 그 사람의 정서가 됩니다. 그렇게 가족 단위에서 만들어진 '감정들'이 뭉쳐진 것 또한 정서라고 할 수 있입니다.

보웬은 가족 관계의 정서적 밀착에 관해 연구한 학자입니다. 보웬의 이론에는 몇 가지 주요 개념이 있는데 자기분화, 가족 투사, 삼각관계, 다세대 전수, 정서적 단절 등이 대표적입니다. 각 항목을 하나하나 따로 떼어 내긴 했지만, 독립된 개념들은 아닙니다. 가족이라는 체계 아래 마치 톱니바퀴처럼 서로 맞물려 돌아가기 때문입니다. 일정한 방향으로 돌돌 말린 실타래는 풀기 쉽지만, 한 번 꼬인 실타래는 좀처럼 풀기가 어렵습니다. 알렉산 더 대왕이 고르디우스의 매듭을 단칼에 끊어 냈듯이, 심하게 얽힌 가족 관계는 단칼에 잘라 버려야 할 때가 있습니다.

나와 타인의 경계

◆◆◆

자기분화란 한 개인이 가족 구성원에서 '심리적으로 독립한 정도'를 말합니다. 가족으로부터 독립한다는 것은 어떤 의미일까요? 부모, 형제, 남편, 또는 자식으로부터의 독립을 말하는 것일까요? 네, 모두 맞습니다. 우리는 가족 안에서 살아갑니다. 하지만 그렇다고 해도 '나는 나'라는 정체성을 갖고, 내가 어떤 사람인지 견지하는 힘은 아주 중요합니다. 그 힘이 바로 '분화'입니다. 가족 구성원 가운데 한 사람의 변화는 가족 전체의 변화에 영향을 미칩니다. 또, 가족이지만 감정적으로 반응해 서로 상처를 주기도 합니다. 가족 가운데 한 사람이 짜증을 내거나 화를 내도 집안 분위기가 미묘하게 달라지는 것을 어렵지 않게 경험할 수 있죠. 때로는 자연스레 해소되던 가족 간 갈등의 골이 깊어지기도 하는데, 그런 경우 가족 안에서 어떤 정서적인 문제가 생겼을 때 그것을 자기 탓으로 돌리는 '내사'의 방어기제를 쓸 가능성이 커집니다.

그림책 《나 때문에》는 기승전결의 흐름을 따라가지 않고, 고양이가 "나 때문에 울어요." 하는 결론부터 보여 줍니다. 두 눈 가득 슬픔을 품은 고양이 앞에서 아이들이 울고 있습니다. 고양이와 함께 집에서 쫓겨났기 때문이죠. 책장을 한 장씩 넘길 때마다 고양이와 두 아이가 엄마에게 쫓겨나 울고 있는 이유가 드러납니다. 아이들이 쫓겨난 이유는 아빠가 화가 났기 때문입니다. 아빠가 화난 이유는 부부싸움을 하다 깨진 어항 조각에 발을 베였기 때문이고, 어항이 깨진 것은 고양이인 "내가 펄쩍 뛰어올랐기 때문이지요." 그런데 엄마 아빠가 부부싸움을 한 이유가 책에서는 이렇게 표현됩니다. "아빠가 화난 이유는 나 때문이에요.", "엄마가 화난 이유는 나 때문이에요."라고.

함께 살아가는 가족은 감정적으로 반응하며 서로 상처를 주고받기도 합니다. 아이들이 엄마 아빠를 부른 것은 자신들이 좋아하고 소중히 여기는 것을 보여 주고 싶었기 때문인데, 마음이 상해 있던 어른들은 감정부터 앞세웁니다. 자신들을 부른 이유는 물어보지도 않고 아이들에게 좋지 않은 표정이나 몸짓 같은 비언어적 메시지를 보내죠. 결국 주눅 든 아이들은 긴장과 혼란, 갈등이 팽배한 상황을 합리적으로 해석하기보다는 모두 자기 탓으로 돌리고 맙니다.

자기분화는 '정신 내적 측면'과 '대인 관계적 측면'이라는 두 가지 측면에서 바라볼 수 있습니다. 정신 내적 측면은 다시 '사고'와 '감정' 두 갈래로 나눌 수 있고, 대인 관계적 측면은 '자기'와 '타인'으로 나눌 수 있습니다. 이 네 가지 요인이 각각 균형을 잡고 조화를 이뤄야 올바른 사고와 행동을 할 수 있습니다. 만약 자기분화 요인이 균형을 이루지 못하면 감정에 휘둘

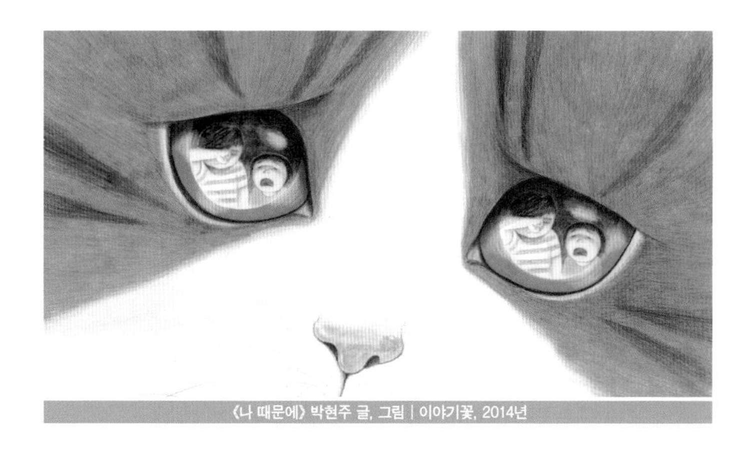

《나 때문에》 박현주 글, 그림 | 이야기꽃, 2014년

려 행동해 놓고 후회하거나 자신의 사고가 아닌, 남의 사고대로 살게 됩니다. 보웬은 정신 내적 측면보다 대인 관계적 측면을 더 중요시했습니다. 이유는 간단합니다. 나와 타인의 경계를 분명하게 긋지 못하면 가족 안에서도 문제가 발생할 수밖에 없고, 이것은 한 사람의 삶 전체에 영향을 미치기 때문이었습니다.

자기분화 정도는 '개별성'과 '연합성'의 상호작용으로 알 수 있습니다. 개별성은 가족으로부터 독립하려는 속성이고, 연합성은 가족 안에서 감정적으로 얽혀 지내려는 속성, 즉 다른 사람에게 의존하고 민감하게 반응하는 생명력을 말합니다. 무모하고, 뜬금없고, 반항심이 강한 사춘기는 우리 인생에서 개별성이 가장 팽창하는 시기입니다. 반면 서로 죽일 것처럼 으르렁거리며 싸우다가도 명절 때만 되면 고향을 찾게 되는 속성이 바로 연합성입니다. 우리는 이 두 가지 속성을 동시에 가지고 있죠.

자기분화도가 낮은 사람은 당연히 자기 삶의 주인이 되어 주체적으로 살아가기가 어렵습니다. 주관적 감정과 객관적 사고의 분리도 어렵기만 합니다. 그런 사람들은 감정에 따라 맹목적으로 추종하고, 분노하고, 배척합니다. 타인에게 가스라이팅을 당하기 쉽고, 다단계에 빠지거나 사이비 종교에 빠지기도 쉬운 편입니다. 이를테면 자기분화도가 낮고 공격적 성향이 강한 아이는 그렇지 않은 아이에 비해 학교에서 일진이 될 확률이 높습니다. 그런가 하면 자기분화도가 낮아도 공격성이 강하지 않고 수동적인 아이라면 일진의 똘마니가 되기 쉽습니다. 우두머리의 행동이나 지시에 따라 그것이 자기 생각인지 아닌지조차 구분하지 못하고 집단으로 행동하게 되죠.

자기분화도가 낮은 사람의 특징은 또 있습니다. 열심히 살다가도 어느 순간 "나, 그동안 뭐한 거지?", "왜 사는 거지?"라는 생각을 하게 되고, 삶의 의미를 잃어버리기도 합니다. 결국, 자기분화도가 낮으면 본인은 물론 주변 사람까지 불행해지고 힘들어집니다. 그래서 자기분화는 아무리 강조해도 지나치지 않습니다. 그런 의미에서 한번쯤 자신의 자기분화도를 점검해 볼 필요가 있습니다.

첫째, 나는 과연 사고와 감정을 잘 구분할 수 있는가. 감정에 휘둘려 사고가 마비되고, 감정의 기복에 따라 행동하는 것은 아닌지 돌아볼 필요가 있습니다. 물론 상황에 따라 느닷없이 감정이 북받칠 수도 있습니다. 사람이라면 너무도 당연한 일이지만 그 순간, '나, 지금 너무 과열됐어.'라고 인지하고, 자신에게 한숨 돌리라는 신호를 보낼 수 있는지 자문해 봐야 합니다.

둘째, 나는 정말 내 생각으로 사는가. 혹시 누군가의 생각을 자신의 생각으로 착각하고 살고 있는 것은 아닌지 자문해 봐야 합니다.

셋째, 내 안의 개별성과 연합성은 적절히 균형을 이루고 있는가. 고정화된 프레임 속에 갇혀 있는 것이 아니라, 때에 따라 유연하게 움직이며 살고 있는지 한번쯤 자문해 볼 필요가 있습니다. 만약 그렇지 못하다면 자신의 개별성과 연합성을 자유자재로 움직일 수 있게 하는 훈련을 해야 합니다. 그래야만 행복한 삶을 유지할 수 있으니까요.

가족 전체를 객관적으로

◆◆◆

이현민 작가의 《토라지는 가족》은 가족의 개별성과 연합성을 적절하게 잘 표현한 그림책입니다. 일요일 아침, 가족 모두가 함께 밥을 먹습니다. 식탁에서 밥을 먹는 장면은 화목한 가족의 연합성을 잘 보여 줍니다. 보는 사람도 왠지 모르게 기분이 좋아지죠.

그런데 갑작스레 아빠가 토라져서 일어납니다. 뒤이어 엄마가 토라져서 일어나고, 할머니가 토라져서 일어나고, 누나, 형, 막내가 식탁을 떠납니다. 가족이 모두 떠난 식탁은 휑한 모습으로 남겨지고, 식탁을 떠난 이들은 감정의 덩어리 속에 머무는 대신 각각의 장소에서 각자의 방법으로 감정을 다스립니다. 혼자만의 시간과 공간을 보장함으로써 자기 자신을 독립시키는 것을 일종의 자기분화와 개별성 확보로 볼 수도 있지만, 집안의 가장 큰 어른인 할머니와 가장 마지막까지 남은 아이들이 느꼈을 황망함을 생각한다면 좀 더 깊게 들여다봐야 합니다.

그러나 이 책에서는 아이들이 그런 감정을 추스를 수 있는 어떠한 시간적 여유나 배려도 보여 주지 않습니다. 아버지는 정원을 손질하고, 엄마는 공원으로 산책을 가고, 할머니는 분수를 바라보며 각자의 감정을 달랩니다. 그런 모습을 보면서 "그래, 가족이란 모였다 흩어질 수 있고, 흩어졌다 모일 수도 있는 거지.", "자기만의 방법과 장소에서 감정을 다스릴 수 있다는 건 다행이지."라는 생각이 들 수도 있지만, 어른이 아닌 아이에게 초점을 맞추면 그리 단순한 문제가 아니라는 것을 알게 됩니다. 이를테면 꽃잎 속에 숨어 버린 누나의 모습은 정서적으로 단절된 예로 볼 수 있습니다. 물수제비를 뜨면서 화를 삭이는 형은 분노 조절 방식을 따로 배운 적이 없어 보입니다. 동물을 쫓아 이리저리 내달리는 막내에게서는 ADHD(주의력결핍/과잉 행동장애)까지 보입니다. 만약 가족 안에서 발생한 문제를 어른들이 좀 더 잘 수습했더라면 아이들도 갈등 상황을 원만하게 해결하는 법을 배웠을 텐데 말입니다.

감정이 상하는 일은 일상에서 언제든지 일어날 수 있습니다. 그런데 그 감정을 한 공간에서 대화로 풀기는커녕 아예 그 공간을 벗어나 회피하는 모습을 보고 과연 아이들은 무엇을 배울 수 있을까요? 《토라지는 가족》에서는 결국 어른이 아닌 아이, 그것도 가장 나이 어린 막내 덕분에 문제가

《토라지는 가족》 이현민 글, 그림 | 고래뱃속, 2019년

해결되고 다시 가족은 식탁에 둘러앉게 됩니다. 이렇게 온 가족이 모여 다시 모여 밥을 먹는 식탁은 분리와 반목의 공간이 아니라 그날 하루 종일 애썼을 서로를 다독이고 서로의 아픔을 위로하는 치유의 공간이어야 합니다.

주변을 돌아보면 알게 모르게 가족과 건강하게 분화되어 있지 못한 경우가 많이 있습니다. 너무나 당연해 보이는 것도 내 일이 되면 당연하지 않기 때문이죠. 항상 한발 물러나서 자기 자신은 물론, 가족 전체를 객관적으로 바라볼 수 있어야 합니다. 때로 그림책은 그런 도구로서 훌륭한 역할을 합니다.

방어기제의 일종인 투사, 그중에서도 가족 투사란 자신의 문제나 갈등

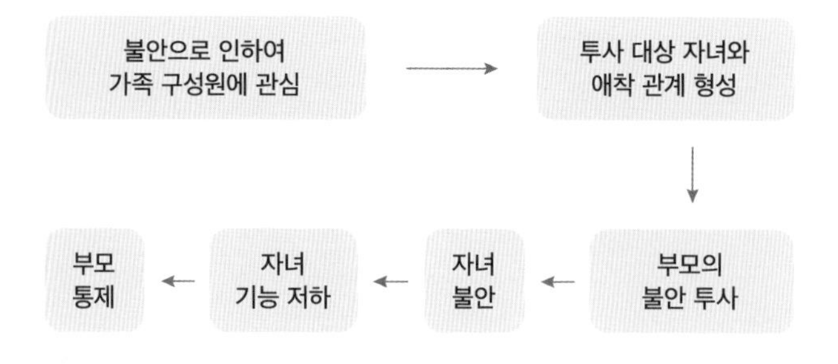

[가족 투사의 과정]

때문에 생긴 불안을 다른 가족 구성원에게 전가하는 것을 말합니다. 엄마에게 투사를 당한 아들, 딸이 마치 남편처럼, 아들처럼 행동하는 것을 '투사적 동일시'라고 합니다. 다시 말해 투사적 동일시가 되었다는 것은 아들의 행동이 엄마가 생각한 결과라는 말입니다.

미분화된 부모는 자녀 가운데 가장 유아적이고 취약한 자녀를 투사의 대상으로 선택합니다. 또 자기분화 수준이 낮은 가족일수록 투사 경향이 심하게 나타납니다. 부모가 미분화되면 그 영향은 자식에게로 이어질 수밖에 없고, 이러한 미분화는 대를 이어 계속됩니다.

가족이 경험하는 불안과 스트레스의 수준이 가족의 삶의 질과 방향을 결정합니다. 이런 일은 우리 주위에 비일비재합니다. 어제도 일어났고, 오늘도 일어나고 있습니다. 이 불안의 연결 고리를 끊으려면 과연 어떻게 해야 할까요?

가족에게 투사되지 않도록, 말려들지 않도록, 스스로 굳건하게 행동하는

《수영장에 간 아빠》 유진 글, 그림 | 한림출판사, 2019년

수밖에 없습니다. 그것이 나를 위한 치유이고, 현재의 가족을 위한 배려입니다. 부모가 분화하지 못했다면 그것은 부모의 몫입니다. 물론 이론처럼 딱딱 맞아떨어질 수는 없겠지만, 그래도 도전하고 노력해야 합니다.

《수영장에 간 아빠》는 가족 투사를 아주 귀엽게 보여 주는 그림책입니다. 아빠는 자신의 불안을 통제하지 못해 아이를 과잉보호, 과잉 통제하려고 하죠. 다른 아이들은 혼자 수영하러 다니지만, 아빠는 늘 딸의 수영 강습에 따라나섭니다. 사실 물을 무서워하는 사람은 아빠입니다. 그래서 딸도 물을 무서워한다고 생각하죠. 자신의 불안을 딸에게 투사하고 있는 것인데요. 과연 이런 아빠가 물이 있는 곳으로 딸을 여행 보낼 수 있을까요? 또 체험학습은 보낼 수 있을까요? 부모가 자신의 불안을 다스리지 못하면 아이의 경험치는 다른 아이들보다 현저히 낮아질 수밖에 없고, 이런 한계적인 경험은 많은 경우의 수를 없애 버립니다. 다행히 《수영장에 간 아빠》 속 딸은 아빠의 생각보다 훨씬 용감하고 강인하죠.

하지만 현실에서는 가족 투사가 훨씬 더 지독하게 일어납니다. 다 같이 불행해질 수 있기 때문에 가족 투사에서 벗어나야 하고, 그러려면 부모는 아이의 성장을 인정하고 독립을 지지하는 마음을 가져야 합니다.

관계가 정상적인 범주를 벗어나면

◆◆◆

엄마(A)와 아빠(B)가 부부싸움을 합니다. 부부싸움은 어느 가정에나 있을 법한 흔한 일입니다. 그런데 부부는 싸움을 하다 말고 갑자기 아들(C)을 부릅니다. "지금부터 엄마랑 아빠가 하는 얘기 잘 들어. 그리고 엄마가 맞는지 아빠가 맞는지, 네 생각을 말해 봐. 엄마 아빠는 괜찮아. 네가 무슨 결정을 해도 괜찮으니까 그냥 솔직하게만 말해."라며 아들에게 대답을 강요합니다. 이렇게 긴장한 두 사람(A·B) 사이에 제삼자(C)를 개입시키는 것, 이것이 바로 '삼각관계'입니다. 그 대상은 사람일 수도 있고 반려동물, 일, 취미, 종교, 음식일 수도 있습니다. 정말 다양합니다.

문제는 그런 관계가 정상적인 범주를 벗어나면 평범한 삶은 불가능해진다는 점입니다. 가령 허다하게 부부싸움을 하는 부모님 앞에 하루걸러 불려간 아이가 "엄마가 아빠랑 사는 게 다 너 때문인 거 알지?", "너 아니면 엄마 아빠는 벌써 헤어졌어!", "엄마 말이 맞아? 아빠 말이 맞아?"라는 말을 반복적으로 듣는다면 기분이 어떨까요? 결국 아이는 자기 가족을 지긋

지긋하게 여기게 되고, 어떻게 해서든 가족을 떠나려고 하겠죠. 다시 말해 삼각관계는 가족 구성원 사이의 희생양을 만들고 정서적 단절을 불러와 모두를 불행하게 만들 수 있습니다.

부모(A·B)의 불안에 자식(C)을 끌어들이는 것이 삼각관계라면 거기서 아이(C)를 빼내는 것을 '탈삼각화'라고 합니다. 오래전 탈삼각화를 가장 잘 실현한 사람은 집안의 어른이었습니다. 어른들이 "어디서 감히 내 새끼를!" 하는 순간 웬만한 갈등은 모두 봉합되었습니다. 때로는 동네 사람이 나서기도 했습니다. 아빠는 "마음 넓은 당신이 이해해야지."라는 말로 위로해 주는 옆집 아저씨와 술잔을 나누는가 하면, 동네 미용실에 들른 엄마는 "마음씨 예쁜 자기가 이해해야지. 남자들은 하나같이 어린아이야."라며 다독이는 아주머니에게 마음을 열었습니다. 물론 전문성은 많이 떨어지겠지만 그렇게라도 꼬인 마음을 풀 수 있어 다행이었습니다. 특히 TV 드라마 속에서는 자연스럽고 건강한 탈삼각화가 자주 일어납니다. 한자리에 모인 동네 사람들이 터놓고 이야기하는 장면에서 말이죠. 하지만 지금은 이웃에 누가 사는지도 모르는, 탈삼각화와는 거리가 먼 시대가 되어 버렸습니다.

그림책 《감자 이웃》을 보면 이웃이 왜 중요한지를 알 수 있습니다. 이웃이 건네는 칭찬과 관심이 아이의 '자기 효능감'을 높여 주기 때문입니다. 부모가 주는 효능감 이상이어서 이웃도 내 아이를 키우는 좋은 스승이 될 수 있죠. 《감자 이웃》 속 엘리베이터 안에서 만난 옆집 아저씨가 슬쩍 던진

《감자 이웃》 김윤이 글, 그림 | 고래이야기, 2014년

"아, 그 녀석 참 장하네." 그 한마디가 부모의 백 마디 말보다 더 큰 효과를 발휘하는 것처럼 말입니다.

이런 방식으로 사회 안에서 탈삼각화가 자연스럽게 이루어지는 것이 가장 좋겠지만 지금은 그런 방식을 기대하기 어려워진 만큼 이제는 변호사, 의사, 심리상담사, 정신과 의사 같은 전문가와 함께하는 탈삼각화가 중요해졌습니다.

전미화가 쓰고 그린 《달 밝은 밤》은 스스로 삼각관계를 맺고 어른들의 도움 없이 탈삼각화 하는 아이의 모습을 보여 줍니다. 밥 대신 술을 마시는 아빠와 밤늦게 들어와 잠만 자는 엄마 사이에 끼인 아이의 삶은 고단하기만 합니다. 그림책에서 아빠는 희극적이고 과장되게 묘사됩니다. 반면 엄마의 모습은 한 번도 볼 수 없습니다. 아이의 외로움과 불안감이 은유적으로 드러납니다. 엄마 아빠가 싸우는 밤이 되면 아이는 밖으로 나가 하늘을 올려다봅니다. 그 누구도 아이를 돌보지 않는 적막한 밤에 아이를 온전히 감싸 안아 주는 존재는 오직 둥근 달뿐입니다. 결국, 엄마는 집을 떠나 버리고 아이는 아빠와 남게 됩니다. 이런 슬픔과 절망 속에서도 아이는 여전히 성장합니다. 술을 끊겠다는 아빠도, 곧 데리러 오겠다는 엄마의 말도 더는 믿지 않습니다. 아이는 그저 마음속으로 둥근 달을 품고, '나만을 믿을 것'을 다짐합니다.

아이는 달을 통해 건강하게 탈삼각화를 하지만, 현실에서는 조금 다를 수도 있습니다. 환상이 뒤섞인 달빛 아래 으스러질 듯 힘껏 쥔 주먹을 푸는 아이의 모습에 가슴이 먹먹해 집니다. 어른들이 만들어 놓은 불행에 갇히지 않고 스스로 자라는 아이의 결단이 참으로 대견할 뿐입니다.

다세대 전수의 새로운 방향성

◆◆◆

보웬의 이론에서는 가계도를 빼놓을 수가 없습니다. 가계도는 일종의 약속입니다. 간단하게 가계도 그리는 법을 살펴보겠습니다. 남자는 □, 여자는 ○으로 표시했습니다.

가계도의 기본 구성은 3세대입니다. 나와 배우자, 또는 내가 속한 가족

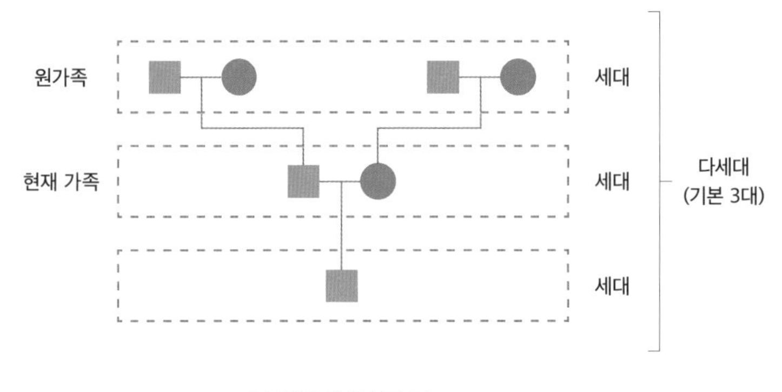

[보웬의 가계도 구조]

이 '현재 가족'이며 나의 부모 세대 '원가족'과 나의 '자식 세대'가 있습니다. 한 세대는 수평 관계를 이룹니다. 원가족으로부터 학습된 방식으로 타인과 관계를 맺으며 여러 세대에 걸쳐 반복되는 것을 '다세대 전수'라고 합니다. 《그렇게 나무가 자란다》는 다세대 전수 과정을 잘 보여 주는 책입니다. 가정폭력의 대물림을 다룬 가슴 아픈 그림책이기도 하죠. 이 책에서는 폭력과 상처를 은유적으로 보여 줍니다.

매일 밤 아빠는 아이에게 맨주먹으로 나무를 심습니다. 아침이면 아이의 몸에서 밤새 자란 나무에 피멍 든 열매가 맺히죠. 열매를 주렁주렁 매달고 학교에 다니던 아이는 어느 날부터 나무들을 이식하기 시작합니다. 아이가 나무를 옮겨 심는 이유는 무엇일까요? 자신의 상황을 감당하기 힘든 아이는 아마 차곡차곡 쌓인 내적 분노를 표출할 대상이 필요했을 겁니다.

가정폭력이 무서운 이유는, 아이가 가장 믿고 의지하는 일차 집단, 즉 부모에게 상처받았다는 점 때문입니다. 자신이 피해자라는 사실을 알고 있지만, 아이는 자신의 감정을 어떻게 수습해야 할지 알지 못합니다. 남이라면 욕이라도 하겠지만, 나를 낳아 준 부모이기에 욕조차 할 수 없습니다. 프로이트가 이야기한 도덕 불안이 올라오기 때문이죠. 내가 내 부모를 욕하는 것은 초자아가 용납하지 않기 때문입니다.

이런 심리 메커니즘이 교란을 일으키면서 아이의 마음은 상상할 수 없을 정도로 복잡해집니다. 또, 자신에게 일어난 일이 다른 사람에게 생겼을 때 그 사람이 어떻게 반응하는지 알고 싶어 하는 본성은 누구에게나 있습니다. 사람들이 통계나 설문을 즐겨 보는 것도 이런 심리의 작동이라고 볼 수 있죠. 《그렇게 나무가 자란다》의 아이도 다른 대상에게 나무를 심었을 때 어떤 형태로 자라는지 확인하고 싶었을 겁니다. 아이는 그것을 행동으로 옮깁니다. 마당에 묶여 있는 개, 학교 친구들, 심지어 결혼해서 낳은 자신의 아이에게까지….

하지만 열매만 맺힐 뿐, 나무는 자라지 않습니다. 다른 사람에게 나무가 자라지 않는다는 것을 발견한 아이에게는 자기 행동 강화가 일어납니다. 강화는 무감각으로 이어지고 친자식에게도 똑같이 폭력을 행사하게 됩니다. 가정폭력에 노출된 아이가 어른이 되어 폭력을 대물림하는 것입니다. 그리고 그것은 아이가 자라면서 친구나 동물, 또는 주변의 어떤 대상에게 폭력을 행사한 경험이 있다는 의미이기도 합니다. 아이들은 절대 단순하지

《그렇게 나무가 자란다》 김흥식 글, 고정순 그림 | 씨드북, 2019년

않습니다. 그런 이유로 가정교육과 환경의 중요성은 아무리 강조해도 부족하지 않습니다.

"처음에는 피해자였지만, 나중에는 가해자가 된다."라는 말이 있습니다. 학대당하던 아이가 자신은 결코 아빠처럼 되지 않겠다고 하지만 결국은 자기 자식에게 똑같이 폭력을 행사하는 경우를 많이 봐 왔습니다. 평생 혹독한 시집살이 때문에 고통스러워한 며느리는 자신이 시어머니가 되면 절대 그러지 않겠다고 다짐하지만, 어느 순간 자신이 당한 대로 며느리를 시집살이시키는 사례가 바로 다세대 전수의 전형이라고 할 수 있습니다. 물론 다세대 전수에 부정적인 면만 있는 것은 아닙니다. 《그렇게 나무가 자란다》가 부정적 다세대 전수를 보여 주는 그림책이라면 《빨간 줄무늬 바지》

는 소박한 다세대 전수를 보여 주는 따뜻한 그림책입니다.

《빨간 줄무늬 바지》는 형제, 친척을 거쳐 이웃에게 옷을 물려주거나 물려 입는 삶과 나눔 문화, 그리고 성장 이야기를 담고 있습니다. 동대문에서 사 온 빨간 줄무늬 바지는 아이들이 좋아하는 토끼나 딸기 단추, 축구공 문양의 장식을 바꿔 가며 계속해서 다른 아이에게로 이어집니다. 물려 입은 아이들은 자기 뒤에 누가 빨간 줄무늬 바지를 입게 될지 궁금해하고, 기대하며 즐거워합니다. 집안 대대로 내려오는 가보나 요리 비법, 기술, 좋은 습관 같은 미풍양속은 긍정적인 다세대 전수에 속합니다. 문제 상황 앞에서 다세대를 통해 물려주는 다양한 감정, 문제 해석법, 갈등을 다루는 법은 긍정일 때보다 부정적일 때가 더 많지만, 과시적이며 자원을 고갈시키는 자본주의 소비문화 속에서 《빨간 줄무늬 바지》가 보여 주는 소박하고

《빨간 줄무늬 바지》 채인선 글, 이진아 그림 | 보림, 2007년

따뜻한 일상, 긍정적 해법을 통해 다세대 전수의 새로운 방향성을 생각해 봅니다.

혼자가 아니라는 것을 깨닫는 순간

◆◆◆

이상하리만치 강한 결속력을 요구하는 가족이 있습니다. "우리는 한목소리를 내야 해.", "우린 같이 가야 해.", "우린 하나야."라는 말처럼 개별성과 연합성이 겹쳐진 가족입니다. 이처럼 융합도가 높은 가족 사이에서는 자식과 부모 사이에 '정서적 단절'이 일어날 수도 있습니다. 정서적 단절이란 부모와의 관계에서 개인이 해결하지 못하는 미분화와 정서적 긴장을 관리하는 방식을 말합니다. 정서적 단절은 물리적 단절과는 다릅니다. 같은 공간에 살아도 마치 없는 사람처럼 서로를 유령 취급합니다.

부모와 자식 간에 개별성이 낮다면, 바꿔 말해 융합도가 높은 가족은 구성원에게 강한 결속력을 요구합니다. 그러다 더는 견딜 수 없게 되면 "에라, 모르겠다." 하며 정서적 단절을 택합니다. 정서적 단절은 정서적 의존성과 불안이 높은 가족, 정서적 융합이 강한 가족에게 더 잘 일어납니다. 부모와 함께 살지만 정서적으로는 거리를 두거나 회피하면 대화가 단절될 수밖에 없는데, 부모가 원하는 것을 거부하는 행동 등이 모두 정서적 단절에 포함됩니다. 부모와 자녀 간 융합이 심할수록 자녀는 부모와의 정서적 단절을 택하게 되고, 이런 정서적 단절이 다시 세대 간 전수로 이어질 수도 있습니다.

최숙희 작가의 《모르는 척 공주》에는 보웬이 말한 삼각관계와 정서적 단절이 놀랍도록 정확하게 표현되어 있습니다. 자녀가 부부 사이의 쿠션 역할을 하는 동안에는 가정이 안정적인 분위기로 흘러가지만, 만성적인 부부 갈등으로 인해 가족 안에는 살얼음판 같은 분위기가 형성됩니다. 불안한 아이에게는 매 순간이 힘겹습니다. '모르는 척 공주'는 엄마 아빠가 싸워도 모르는 척 꾸역꾸역 밥을 먹고, 조용히 혼자 놉니다. 자신의 감정을 표현하기는커녕 아무것도 할 수 없는 자신 때문에 화가 나지만 엄마 아빠는 '모르는 척 공주'가 다 알아서 잘하는 줄 알고 있죠. 아이의 마음 한구석이 텅 비어 있는 줄도 모르고 말입니다.

점점 화가 난 '모르는 척 공주'는 블록 놀이를 합니다. 블록은 이내 성이 되고 '모르는 척 공주'는 그 성에 스스로를 가둡니다. 무슨 의미일까요? 이것은 결국 자발적으로 타인과의 교류, 세상과의 단절을 선택했다는 뜻입니다. 성안에 틀어박힌 아이는 "세상은 따뜻하지 않아.", "세상과 단절해서 살아도 나는 혼자 사는 게 편해."라는 생각을 계속 키워 가고, 결국 좀처럼 밖으로 나오지 않게 됩니다. 그리고 이것은 부모와의 정서적 단절은 물론이고 사회와의 단절로까지 이어집니다. 현대사회의 히키코모리(은둔형 외톨이)가 바로 이런 사례에 해당합니다. 모르는 척 공주는 스스로의 선택으로 성에 갇혔지만, 다행스럽게 자기와 비슷한 아이들이 많다는 것을 알게 되면서 그 아이들과 정서적 교감을 나누고 또 힘을 얻습니다.

우리가 살아가는 현실에서도 이와 비슷한 일들이 일어납니다. 어린 시절부터 자신과 비슷한 사람들이 많다는 것을 알게 되면 우리 아이들이 좀 더 건강하게 자랄 수 있을 텐데요. 만약 우리 주변에 자신의 성에 갇힌 사람이 있다면 이제라도 힘을 내어 블록을 깨고 세상 밖으로 나올 수 있도록 도와야 합니다. 누군가는 자꾸 동굴 속으로 들어가 스스로 고립되는 것을 선택하지만, 또 다른 누군가는 이런 책을 통해, 사람들과의 모임을 통해, 자기와 비슷한 사람들과의 관계를 통해 연대하고 있습니다. 그렇게 혼자가 아니라는 것을 깨닫는 순간 살아갈 힘이 생기니까요. 특히 엄마 아빠의 따뜻한 사랑을 녹여 낸 그림책이라면 그런 힘을 얻을 수 있지 않을까 싶습니다.

부성애를 잔잔하게 녹여 낸《인어아빠》에는 바다에 사는 인어 아빠와 육지에 사는 아빠 어부가 나옵니다. 사는 곳은 다르지만 아빠이기에 소중한 가족을 위해서라면 무엇이든 할 수 있죠.

이명환 작가의 그림책 두 권《경옥》과《미장이》는 지난 시절 가족을 위해 헌신하고 '나'라는 개인보다 국가 또는 가정을 위해 살았던 평범한 엄마, 아빠의 삶을 그리고 있습니다. 고단한 하루를 묵묵히, 힘차게 살아 낸 부모 세대의 삶이 없었더라면 지금 세대의 삶이 어떠했을지, 또 그것이 어떤 의미를 갖는지 담담하고 아름답게 펼쳐 놓은 이야기가 감동적으로 다가옵니다.

《인어아빠》 허정윤 글, 잠산 그림 | 올리, 2022년

변화의 시작

◆◆◆

보웬을 알게 되면 자신도 몰랐던 가족 관계, 이해되지 않았던 불안의 근원, 가족이 안고 있는 문제에 대해 인식하게 되고, 자기 가족을 되돌아보게 됩니다. 문제를 인식하는 것과 인식하지 못하는 것에는 커다란 차이가 있습니다. 인식 전후의 삶이 완전히 달라질 수 있기 때문이죠. 자신이 수용할 수 없는 일을 마음속 어딘가에 묻어 두고 살아가는 것은 온전한 삶이 아닙니다. 부지불식간에 튀어나온 어둠이 삶의 기초를 흔들어 놓을 수 있으니까요.

자신이 자라온 환경과 지금의 성장 상황 또 앞으로의 삶에 대해 성찰하는 시간은 누구에게나 꼭 필요합니다. 특히 그림책은 이런 문제 인식에 좋은 도구입니다. 보다 보면 분명 꽂히는 장면이 있습니다. 당장은 창피하고 수치스러워서 인정하지 못하는 일들, 가슴 떨리고 불안해서 받아들여지지 않던 일들이 자연스레 떠오릅니다. 그리고 그것들이 마음속 깊이 스며든 이후부터 작은 변화가 일어납니다. 바로 그것이 변화의 시작입니다.

THINK

Think 1 __

우리는 살면서 크게 두 번의 가족을 경험합니다. 하나는 출생 후 자연스럽게 형성된 가족, 또 하나는 성인이 되어 결혼과 함께 새롭게 형성하는 가족입니다. 나의 원가족을 포함한 3세대 가계도를 그려 보세요. 원가족으로부터 아직까지도 강하게 영향 받는 무엇이 있나요?

Think 2 __

현재 가족에게 원가족의 무엇이 되풀이되고 있는지 찾아보세요. 부정적으로 이어지는 것이 있나요? 끊어야 할 것이 있다면 어떤 것인가요?

Think 3 __

한 개인이 가족 구성원에게서 심리적으로 독립한 정도를 '자기분화'라고 합니다. 112~113쪽의 세 가지 질문을 통해 자기분화도를 점검해 봅시다.

Think 4 __

내 불안으로 인해 내 아이에게 가족 투사를 하고 있지는 않나요? 내 아이가 개별성과 연합성이 적절하게 균형을 이루며 성장하기 위해서 어떤 도움을 주어야 할까요?

PICTURE BOOK PSYCHOLOGY

5장

사티어

경험주의 가족치료

의사소통,
생존의 투쟁 방식

경험주의 가족치료

한 여자가 버스에 오릅니다. 버스는 어느새 한적한 시골길로 접어들고, 낯설지만 왠지 모르게 편안한 풍경을 지나갑니다. 소박한 시골집 앞에서 여자가 내립니다. 여자에 비해 압도적으로 작은 집. 여자가 이곳에 온 이유는 세상 어떤 것에도 견줄 수 없는 따뜻한 미소가 기다리고 있기 때문이죠.

여자는 자신에 비해 압도적으로 작은 크기의 집 앞으로 다가갑니다. 그 순간 익숙한 공간, 익숙한 냄새, 익숙한 소리들이 다가옵니다. 마법처럼 일어난 일들이 마치 어제 일어난 일처럼 평온하고 자연스럽습니다. 엄마가 딸을 위해 음식을 만드는 동안 여자는 점점 작아집니다. 엄마가 해준 음식을 먹으며 정겨운 대화를 나누던 여자는 아주 작은 어린아이가 되어 있습니다.

《다시 그곳에》 나탈리아 체르니셰바 글, 그림 | JEI재능교육, 2015년

그림책《다시 그곳에》의 작가 나탈리아 체르니셰바는 소중한 기억을 찾아 나선 여자의 심리를 오로지 그림만으로 표현해 냈습니다. 이 책을 통해 유년 시절의 '나'를 만났고 눈물이 났습니다. 비 오는 날, 따뜻한 아랫목에 배를 깔고 엎드린 채 엄마의 김치부침개를 기다리던 내 모습과 그때의 수많은 기억, 따뜻한 말들이 떠올랐으니까요.《다시 그곳에》는 그렇게 가만히 숨죽이며, 오랫동안 외면해 온 '나'를 마주할 수 있게 해준 책입니다.

의사소통은 학습된 것

◆◆◆

사람들은 주로 말을 통해 서로를 이해하고 관계를 만들어 갑니다. 자신의 의견을 행동이나 눈짓으로도 표현할 수 있지만, 가장 간단하고 쉬운 표현 방식은 역시 언어이기 때문이죠. 물론 의사소통 방식은 모두 제각각입니다. 직설적으로 말하는 사람이 있는가 하면 시종일관 빙빙 돌려 말하는 사람도 있고, 부드럽고 편안하게 말하는 사람이 있는가 하면 딱딱하거나 거칠게 툭툭 내뱉듯이 말하는 사람도 있습니다. 이러한 차이는 특히 긴장한 상황일 때 크게 두드러져 보이는데, 이것은 의사소통이 방어기제처럼 일종의 생존 도구로 사용되기 때문입니다. 오죽하면, 한국전쟁 당시 미군에 생포된 민간인들이 "북한군이냐?(Are you a North Korean soldier?)"는 질문에 어디선가 들은 기억을 더듬어 무조건 "예스, 예스." 했다가 총살당했다는 일화가 전해질까 싶습니다.

그렇다면 우리 인간의 의사소통 능력은 선천적으로 타고난 것일까요? 아니면 후천적으로 얻은 능력일까요? 인간의 의사소통 능력은 학습된 것입니다. 당연히 가장 큰 영향을 미치는 곳은 가정입니다. '배운 게 도둑질'이라고 학대와 폭언이 난무하는 가정에서 자란 아이와 지성과 따뜻함이 넘치는 가정에서 자란 아이의 의사소통 방식이 같을 수가 없죠. 바로 이 부분에 관심을 갖고 의사소통이 역기능적으로 작동해 오류를 유발한다고 주장한 학자가 있습니다. 미국의 사회복지사이자 심리치료사인 사티어 Virginia Satir입니다. 프로이트 같은 학자가 정신병리의 근본적인 원인을 정신분석에서 찾고 있을 때 사티어는 가족 체계에서 그 근원을 찾았습니다. 다른 심리학자 대부분이 정신과 의사였던 것과 달리 사티어는 사회복지사였기에 가능한 일이었습니다. 자신의 경험을 기반으로 이론을 확장한 사티어는 사람의 인생에서 가족보다 중요한 것은 없다고 생각했습니다. 그래서 사티어의 '경험주의 가족치료'는 그 의미가 더욱 깊습니다.

생존의 방식이 투영

◆◆◆

사티어의 가족치료는 선순환 과정을 아우르는 이론입니다. 개인이 치료되면 가족 체계가 변화하고, 가족 체계가 변화되면 다시 개인이 변화하는 것을 염두에 두죠. 살다 보면 한번쯤 겪을지 모를 억울하고 화나는 일이 만약 가족 간에 생긴다면 어떨까요? 아마 사태가 훨씬 심각해지겠죠. 사실 여부를 떠나 '믿었던 사람에 대한 다양한 감정들'로 인한 이차 감정이 작용해서 더욱 그럴 겁니다. 가령 새벽까지 일하다 녹초가 되어 귀가했는데 영문도 모른 채로 야단을 맞는다고 생각해 볼까요.

아버지가 다짜고짜 큰소리로 "어디서 뭘 하다 이제 들어와? 전화기는 삶아 먹었어? 나이는 헛먹었어?"라고 야단치는 것은 그렇다 치고, "아주 집안 망신을 통째로 시키고 있어!"라든가 "네가 부모 알기를 뭐 같이 아는구나." 하는 비난까지 받는다면 과연 기분이 어떨까요? 자식 입장에서는 상당히 억울하겠죠. 또 한편으로는 이 불편한 상황을 재빨리 모면하고 싶겠죠.

그런데 이런 상황에서 제대로 된 의사소통이 가능할까요? 만약 소통 방식을 선택할 수 있다면 다음 보기 중에 어떤 것을 골라야 할까요?

① 싹싹 빌면서, "제가 잘못했어요. 용서해 주세요. 모든 게 다 제 잘못이에요."

② 맞대꾸하며, "이렇게 자꾸 야단치시니까 집에 오려다가도 들어오기 싫잖아요! 제가 늦게 들어오는 건 전부 다 아빠 탓이에요!"

③ 냉정하게, "뭐가 문제예요? 무조건 야단만 칠 일이 아니잖아요. 제가 왜 늦었는지 이성적으로 한번 생각해 보세요."

④ 다른 곳을 바라보며, "이런, 아빠가 화가 나셨네. 누가 우리 아빠를 화나게 했을까?"

⑤ 아빠의 눈을 바라보며, "늦는다고 미리 연락해야 했는데 내일 프로젝트 발표 준비 때문에 정신이 없어서 깜빡했어요. 저 기다리시느라 잠도 못 주무셨죠? 죄송해요."

이렇게나 다양한 소통 방식이 있지만, 아마 지금껏 이 중 한 가지 방식으로만 소통해 왔을 겁니다. 사람마다 일정한 패턴으로 의사소통을 하는 이유는, 소통 방식의 바탕에 자존감이 깔려 있기 때문입니다. 여기서 '자존감'이란 양육되는 과정에서 나 자신에게 내리는 주관적 평가로 자기를 존귀하게 여기는 가치를 말합니다. 자존감이 높으면 상대를 있는 그대로 수용하고, 자신의 감정을 담백하게 전달하려는 경향성이 큽니다. '일치적' 의사소통을 하는 것이죠. 하지만 이와 반대로 자존감이 낮으면 상대방의 표현 하나하나에 민감하게 반응합니다. 그 이면에 무엇이 숨어 있을까를 계산하다 보니 자기방어에 급급해지죠. '비일치적' 의사소통을 하는 겁니다. 그래서 사티어는 의사소통에 생존의 방식이 투영된다고 했습니다. 억압받거나 무시당하는 가정환경에서 자란 아이는 제대로 된 의사소통을 하지 못할 확률이 높습니다. 고전 동화 《콩쥐 팥쥐》에서 계모에게 구박받으며 자란 콩쥐가 좋은 예입니다. 요즘 기준으로 보면 답답할 정도로 의사 표현에 서툰 아이죠.

회유형과 비난형

◆◆◆

어떤 문제에 부딪히면 무조건 "내가 잘못했어."라는 말부터 하는 사람이 있습니다. 이런 사람은 '회유형'으로 분류할 수 있습니다. 회유형은 타인에게 지나치게 상냥하고 의존적이면서 징징거리고, 애걸합니다. 혹시 주변에 이런 유형이 있는지 잘 살펴보세요. 회유형이 주로 사용하는 언어들을 생각해 볼까요. 회유형은 상대방이 화를 내지 못할 정도로 비위를 맞추고, 어떤 상황에서도 상대방을 기쁘게 하려고 애를 씁니다. 또, 혼자서는 아무것도 할 수 없다고 생각하고, 일이 잘못되면 모두 자기 책임으로 여깁니다. 그러다 보니 자신에 대한 비난마저 당연하게 받아들이죠. 자신의 감정을 억압하고 살기 때문에 자신을 위해 무언가를 요구할 생각은 전혀 없는 유형입니다.

프로이트에 따르면 타인으로부터 상처받은 감정은 무의식의 어딘가에 자리 잡는다고 했습니다. 또 융Carl Gustav Jung은 이런 감정이 모여 콤플렉스가 된다고 했습니다. 그런 감정들이 사라지지 않고 있다가 어느 순간 "욱"하고 올라오는데, 풍선에 계속 바람을 넣다 보면 펑! 하고 터지는 것과 비슷합니다. 어찌 보면 한없이 답답하고 지질해 보일 수도 있지만, 이런 유형은 잘 참는 동시에 타인을 돌보는 강력한 자원을 가진 이들입니다.

회유형이 문제의 원인을 자신에게 돌리는 '내사'를 주로 한다면, 반대로 무슨 일만 생기면 남 탓부터 하는 유형이 있습니다. 소리치며 위협하고, 명령하고 비난하면서 화를 내는, '투사'를 하는 사람입니다. '비난형' 사람이죠. 늦게 왔다고 야단치는 아버지에게 "내가 늦게 들어오는 건 전부 다 아빠 탓!"이라며 되레 아버지를 비난하는 사람이 바로 이런 비난형 유형에 속합니다.

비난형은 자신이 남보다 우월하다고 여겨 잔소리가 심합니다. 한마디로 독재자 스타일이죠. 하지만 실상은 자신의 약한 모습을 들키지 않으려고 강한 '척하는' 경우가 대부분입니다. 비난형은 상대를 복종하게 해서 자신이 중요한 사람이라고 느끼고 싶어 합니다. 그렇다고 문제만 있는 것은 아닙니다. 비난형의 자원은 충만한 에너지로, 이 에너지를 잘 활용해서 리더십을 발휘한다면 일의 진행 속도를 높여 좋은 결과를 만들어 낼 수 있습니다.

만약 회유형과 비난형이 만나면 어떻게 될까요? 일단 궁합은 딱 맞습니다. 비난형은 자기 불안을 비난으로 투사하고, 회유형은 "그래, 다 내 잘못

이야." 또는 "나 하나만 참으면 돼."라며 다 받아 주기 때문입니다. 하지만 이런 관계가 과연 끝까지 갈 수 있을까요? 무엇보다 관계는 일방적일 수 없습니다.

베아트리체 알레마냐의 그림책 《조금 부족해도 괜찮아》는 남보다 조금 부족하지만 나름 행복하게 살아온 다섯 친구의 이야기를 들려줍니다.

어느 날 흠 없이 완벽한 친구가 다섯 친구를 찾아와 일어나는 일들을 그린 이 책은 단점 또한 자기 자신을 이루는 소중한 개성 중 하나인 것을 알려 줍니다. 자존감을 주제로 이야기할 때 자주 언급하는 책이죠. 이번에는 등장인물의 대화 유형에 집중해 살펴보겠습니다. 사티어가 말하는 의사소통 방식으로 보면, 자기 자신이 어떤 식으로 말하고, 상대방과 소통하는지 돌아볼 수 있습니다.

《조금 부족해도 괜찮아》의 다섯 친구는 조금씩 부족한 면을 가지고 있습니다. 첫 번째 친구는 배에 큼직한 구멍이 뻥뻥 뚫려 있고, 두 번째 친구의 몸은 아무렇게나 접힌 편지지처럼 꼬깃꼬깃합니다. 세 번째 친구는 물렁물렁하고 힘이 없어 늘 피곤하고 졸려 합니다. 네 번째 친구는 거꾸로 뒤집힌 몸 때문에 팔로 걸어 다녀야 하고, 찌그러진 공처럼 생긴 다섯 번째 친구의 외모는 엉망진창 못난이에 가깝습니다. 다섯 친구는 금방이라도 무너질 듯한 집에서 특별히 하는 일 없이 지내지만 늘 즐겁기만 합니다.

그런데 어느 날 낯선 친구가 찾아옵니다. 완벽한 외모를 가진 친구는 함께 모여서 아무것도 하지 않는 다섯 친구를 보며 "무엇이든 할 일을 생각

《조금 부족해도 괜찮아》 베아트리체 알레마냐 글, 그림 | 현북스, 2014년

해 내야" 한다고 채근합니다. 의기소침해진 다섯 친구는 각자의 부족한 점 때문에 뭔가를 하려고 해도 잘되지 않는 사정을 설명합니다. 그 말을 들은 완벽한 친구는 "너희들은 아무 쓸모가 없어! 아무것도 아니라고!" 하며 날 선 비난을 퍼붓습니다. 일방적으로 비난하고 감정을 노출하는 친구를 보면 "아니, 자기가 뭔데…." 하고 소리 지를 법한데 다섯 친구는 자신들의 부족한 점을 하나하나 곱씹으며 성숙하게 받아들입니다. 결국 끝까지 지켜보던 비난형 친구가 그곳을 떠나는 것으로 이야기가 마무리됩니다. 관계가 끝난 것이죠. 이런 관계는 비단 비난형과 회유형에만 해당하는 것은 아닙니다. 수없이 많은 경우의 수를 생각해 볼 수 있으니까요.

초이성형과 산만형

◆◆◆

'초이성형'은 자기가 정해 놓은 규칙을 자신뿐 아니라 타인에게까지 적용하는 유형입니다. 야단치는 아버지를 향해 냉정하게 "무조건 야단만 치지 말고 이성적으로 생각해 보라."고 말하는 이들이 여기에 해당합니다.

조용하고 차분하고 침착한 초이성형은 냉담하고 진지하며 지적인 것을 추구합니다. 정확하고 합리적이며 감정을 드러내지 않아서 때로는 무자비해 보이고, 비인간적으로 보이기도 합니다. 경직된 사고를 하다 보니 걸어 다니는 컴퓨터나 사전 같은 느낌을 주기도 합니다. 지나치게 객관적이고, 계산적이어서 타인과의 심리적 거리를 유지하려고 하죠. 항상 외로울 수밖에 없습니다. 그런데 사실은 '초이성형'이 쏟아 내는 거창하고 지적인 말들은 그 이면에 깔린 낮은 자존감을 감추기 위한 것입니다. 특히 어릴 때부터 부모나 타인 등과 감정의 교류 없이 자란 아이들 중에 이런 유형이 많이 나타납니다.

'산만형'은 어떨까요? 산만형은 불필요한 상황을 무조건 회피하고 보는 유형입니다. 아버지가 야단을 치는 상황인데도 "이런, 누가 우리 아빠를 화나게 했을까?"라며 딴청을 피웁니다. 이런 유형의 사람은 불편한 상황을 직면하는 것이 두렵고, 긴장된 상황을 참지 못해 엉뚱한 소리를 합니다. 부산스럽고 지나치게 활동적이다 보니 종종 우둔해 보이죠. 산만형은 자주 생각을 뒤집고 한꺼번에 여러 가지 행동을 해서 타인의 관심을 분산시킵니다. 상대방의 말에 동문서답하거나 이유 없이 목소리 톤을 바꾸고 사람들의 질문을 무시하기도 합니다. 이들이 하는 말은 중심 잃은 팽이처럼 핵심이 없습니다. 산만한 이들은 상황 판단을 제대로 하지 못하고 자기 내면에 집중하지도, 타인을 배려하지도 못합니다. 긍정적으로 보면 유머 감각이 있다거나 쾌활하다고 할 수도 있지만, 결국 자존감이 낮은 의사소통 유형에 속합니다. 특히 다른 사람의 눈을 마주 보고 이야기하는 '아이 콘택트Eye Contact'를 어려워합니다. 어찌 보면 비난형 내지 초이성형이 이런 유형을 만들어 내는 데 결정적 역할을 하는 것이 아닐까 싶습니다.

그림책 《너 왜 울어?》에 나오는 아이의 엄마는 비난형과 초이성형을 동시에 가진 유형입니다. 그림 속에는 아이만 있고, 글은 온통 엄마의 말로만 이루어져 있습니다. 기승전결이나 상황 설정은 전혀 없이 그저 엄마가 아이에게 쏟아 내는 말을 그대로 담고 있습니다. 엄마의 말은 거의 대부분 '명령'하는 느낌표와 '채근'하는 물음표로 끝이 납니다. "코트 입어!", "어서 가서 장화 찾아와!", "그래, 찾았어?" 등등 엄마는 계속 질문을 던지고 무언가를 명령합니다. 그리고 "아빠한테 다 일러 줄 거야!"라며 협박까지 합니다. 이런 말을 듣는 아이는 '그림' 속에 분명히 존재하지만, 표정과 눈물로만 자신의 감정을 표현할 뿐입니다. 아이의 목소리는 그 어디에도 없습니다. 마지막 장면에서 아이는 네모 속에 갇힌 모습으로 묘사되는데 그 네모는 엄마가 입은 치마 속이었고, 금지하는 말들로 아이를 가둔 엄마의 치마는 감옥 쇠창살처럼 표현되었습니다.

《너 왜 울어?》 바실리스 알렉사키스 글, 장-마리 앙트낭 그림 | 북하우스, 2009년

어릴 때 많이 혼나고 상처받으면서 자란 사람들은 왜곡된 시각을 갖거나 꼬인 성격이기 쉽습니다. 대체로 이런 유형은 무슨 말을 해도 토를 달고, 조금만 심기가 상해도 욱하는 경향이 있습니다. 왜일까요? 스트레스를 받으면 자신들이 성장하면서 경험한 방법을 반복해서 사용하기 때문입니다. 이들이 의사소통에서 비일치적 대응 방식을 선택하는 이유는 얼렁뚱땅 상황을 모면하기 위해서가 아닙니다. 그것이 그들에게는 최선의 방법이고 선택이기 때문입니다. 다시 말해, 자라면서 몸에 익은 가장 익숙한 방식이 튀어나오는 것이죠.

일치형의 의사소통

◆◆◆

가장 이상적인 의사소통 유형은 자존감이 높은 사람에게서 나타나는 '일치형'입니다. 나, 타인, 상황을 모두 이해하기 때문에 야단을 맞아도 이성적으로 대처할 수 있습니다. "일하느라 바빠서 전화를 깜빡했어요. 죄송해요."라며 늦은 이유를 설명하고 사과할 줄도 압니다. 이런 유형은 내적 두려움이 적어 자기를 표현하는 데 어려움이 없고 자존감이 높습니다. 자신이 한 일에 대한 책임감은 물론 실제로 책임질 능력까지 있습니다.

지금 당장 일치형이 아니라고 해서 낙담할 필요는 없습니다. 어떤 유형에 속하든 자기의 내면을 알아차리고 변화를 위해 노력한다면 일치형으로 바꿀 수 있으니까요. 사티어는 삶을 성공적으로 살아 낼 수 있는 '좋은 씨앗'을 누구나 갖고 있다고 믿었습니다. '좋은 씨앗'은 성장에 필요한 좋은 내적 자원을 의미합니다. 충분히 물을 주고 햇볕을 쬐이고 바람도 쐬게 하면서 정성 들여 잘 가꾸기만 하면 좋은 씨앗이 싹을 틔우고 마침내 열매를 맺는다고 했습니다. 지금은 비록 비일치적 대응 방법밖에 사용할 줄 모른다고 해도 노력해서 부족한 부분을 보완하면 충분히 기능적인 대응 방법, 즉 일치형의 의사소통을 배울 수 있습니다.

노인경 작가의 《곰씨의 의자》는 회유형인 곰씨가 일치형으로 바뀌어 가는 과정을 보여 주는 그림책입니다. 혼자 의자에 앉아 사색하는 것을 좋아하던 곰씨는 지친 여행가 토끼와 슬픈 무용가 토끼를 위해 의자를 내줍니

《곰씨의 의자》 노인경 글, 그림 | 문학동네, 2016년

다. 회유형인 곰씨가 타인을 돌보고 베푸는 능력을 발휘했다고 볼 수 있죠.

그런데 서로를 위로하다 사랑에 빠진 여행가 토끼와 무용가 토끼가 결혼을 하고, 둘 사이에서 아기 토끼가 태어납니다. 토끼 가족은 늘 그래 왔듯 곰씨의 의자에 모여서 놉니다. 하지만 자신들의 행동이 곰씨를 힘들게 하거나 불편하게 한다는 생각을 전혀 하지 못합니다. 지금껏 곰씨가 어떤 감정을 표현한 적이 없으니까요. 곰씨는 혼자 조용히 책도 읽고 싶고, 음악 감상도 하고 싶고, 낮잠도 자고 싶지만 아무것도 할 수 없습니다.

토끼 가족은 행복하지만, 친절한 곰이 되고 싶었던 곰씨는 괴롭기만 합니다. 토끼 가족은 계속해서 경계선을 침범해 왔습니다. 곰씨는 온갖 방법을 동원해 토끼 가족을 떠나보내려 했지만, 모든 시도는 실패로 돌아갑니다. 작가는 이 과정에서 타인에게 친절을 베푼 한 인간이 상대적으로 그 친절에 발목을 잡혀 얼마나 유치해질 수 있는지 적나라하게 드러냅니다. 결국, 곰씨는 크게 용기 내어 속마음을 이야기하는데, 그 어떤 행동보다 곰씨의 솔직한 말 한마디가 토끼들을 움직입니다. 자신의 감정을 솔직하고 담백하게 전달하는 '나 전달법(I-massage)'이 통한 것이죠.

셀 수 없이 많은 사람이 의사소통에 어려움을 겪는 이유는 낮은 자존감 때문입니다. '이렇게 말하면 날 어떻게 볼까?', '이런 말에 오해하고 상처 입으면 어떻게 하지?', '혹시 거절당하면 어떻게 하지?', '내가 우스워 보일까?' 같은 생각이 지배하고 있기 때문입니다.

사티어는 자존감의 세 가지 요소로 자기, 타인, 상황을 말했습니다. '자기'는 애착, 사랑, 신뢰, 존중을 통해 갖게 되는 '자신에 대한 가치와 자신의 유일성'을 말합니다. '타인'은 다른 사람과의 관계에서 형성되는 다른 사람에 대한 느낌으로 타인과의 동질성과 이질성, 그리고 상호작용에 관한 것입니다. '상황'은 주어진 여건과 맥락을 말하는데, 주로 부모나 원가족 등의 상황을 의미합니다.

일치형의 의사소통이 자존감의 세 요소인 자기, 타인, 상황 같은 변인變因을 모두 고려한다면, 회유형의 방식에는 자기가 없고 타인과 상황만 있습니다. 자신의 욕구나 감정을 돌보지 않는 것이죠. 비난형의 방식에는 자기와 상황만 있고, 타인이 없습니다. 그러다 보니 자신의 말에 상대방이 얼마나 상처받을지는 전혀 고려하지 않을 뿐더러 약해 보이지 않기 위해 더 세게 말합니다. 자기 불안을 감당하는 것만으로도 벅차기 때문이죠. 초이성형의 의사소통은 자기도 타인도 없이 상황만 있는 방식입니다. 머릿속으로 상황을 잘 정리하다 보니 자신이 똑똑하다는 우월감에 빠지지만, 정작 자

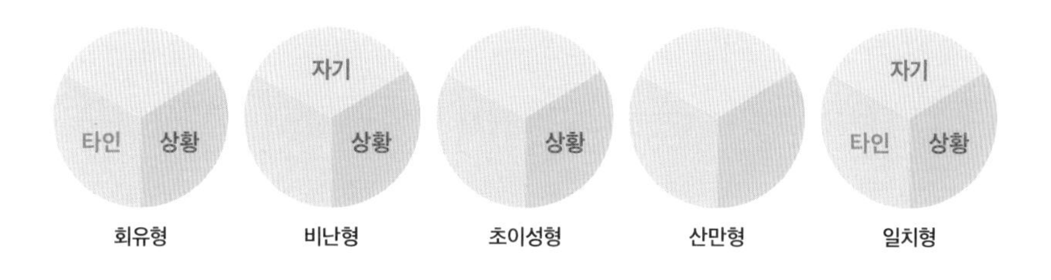

[의사소통 유형에 따른 자존감 요소 차이]

기는 볼 줄 모릅니다. 무엇보다 가장 안타까운 유형은 산만형입니다. 자기도, 타인도, 상황도 살피지 않기 때문입니다.

청소년기의 자아존중감

◆◆◆

개인의 자존감이 영·유아기 때부터 자기 자신을 판단하면서 발달한다면, 자존감의 개념은 나이가 들수록 정교해집니다. 특히 청소년기의 자아존중감이 개인의 행동에 주는 영향은 엄청나죠. 자아존중감이란 '나는 가치 있고 소중하며, 유능하고 긍정적인 존재'라고 믿는 마음을 말합니다. 이것은 단순히 자기 자신을 어떻게 느끼고 평가하는지에 국한된 개념이 아닙니다. 자아존중감은 이후의 사고, 정서, 행동, 계획에도 영향을 미치죠. 같은 경험을 하더라도 자아존중감이 높고 낮음에 따라 사건에 대한 기억, 그에 따른 자신의 평가와 느낌까지 달라질 수 있습니다. 더 나아가 앞으로 겪게 될 일에 대한 평가와 대처 또한 달라집니다.

자아존중감 발달에 있어 무엇보다 중요한 것은 환경입니다. 특히 아이와 가장 많이 상호작용하는 부모와의 대화, 경험을 바탕으로 자아존중감이 형성됩니다. 그렇게 보면 자존감 높은 부모 밑에서 자존감 높은 아이로 자랄 가능성이 큽니다. 자존감 높은 부모가 아이도 존중하면서 키우기 때문이죠. 상대적으로 자존감이 낮은 사람은 자신에 대한 확신이 없고 불안감이 높습니다. 아이의 자존감도 낮아질 수밖에 없죠.

그렇다면 "네가 최고야", "네가 제일 잘해." 하고 무조건 칭찬만 해주면 자존감 높은 아이로 자랄까요? 아니요, 그건 아닙니다. 부모의 무조건적인 지지를 받으며 성장한 아이는 자신을 긍정적으로 평가하는 한편 지나치게 자기중심적인 사람으로 자랄 가능성이 큽니다. 그런 경우 타인에 대한 배려가 부족한 나머지 아이가 학교나 사회생활을 하면서 문제를 일으킬 수도 있죠. 반대로 부모에게 인정받지 못하고 자란 아이는 피해 의식에 사로잡혀 세상을 비난하면서 자기 안으로 숨어 버릴 수 있습니다.

《줄무늬가 생겼어요》의 주인공 카밀라는 항상 다른 사람에게 잘 보이기 위해 애를 씁니다. 자기가 하고 싶은 것보다 타인이 자기를 어떻게 보는지에 더 관심이 많은 아이입니다. 아욱콩을 좋아하지만, 아이들한테 놀림을 당하는 것이 두려워 싫어하는 척하고, 학교에 가기 전 옷을 마흔두 번이나 갈아입기도 합니다. 타인의 시선에 전전긍긍하며 그들의 평가에 자신을 맡겨 버리는 것을 보면, 카밀라는 분명 자존감이 낮은 아이입니다. 항상 신경이 곤두서 있고, 예민한 데다 아욱콩을 좋아한다는 사실을 당당하게 말하지 못하죠.

그런데 어느 날 카밀라의 몸에 줄무늬가 생기기 시작합니다. 이 줄무늬는 무엇을 의미할까요? 그것은 카밀라가 타인의 시선에 맞추기 위해 만들어 낸 '거짓자기'입니다. 타인의 바람에 따라 본성을 억압하고 자기가 진짜 좋아하는 것을 외면한 결과인 셈이죠. 카밀라의 부모님은 이 거짓자기를 없애기 위해 의사, 심리상담사, 무당, 수의사까지 동원하지만, 결국 거짓자기를 떨쳐 내는 힘은 카밀라의 내면에 있었습니다. 카밀라가 있는 그대로의 '나'를 인정하고 받아들이자 자연스럽게 해결되었으니까요. 《줄무늬가 생겼어요》는 누가 뭐라고 하건 자신을 사랑하고 자기 욕구를 건강하게 수용할 때 비로소 자존감을 회복할 수 있다는 것을 보여 주는 책입니다.

《줄무늬가 생겼어요》 데이빗 섀논 글, 그림 | 비룡소, 2006년

가족 규칙을 살펴볼 때

◆◆◆

누구나 자라면서 참 많이 들었던 말 가운데 하나가 "안 돼!"라는 말일 겁니다. 이 말 때문에 상처받은 적도 많았지만, 새로운 일에 도전하려다가 "괜한 짓은 아닐까?" 하고 멈칫했던 것도, 어쩌면 귀에 딱지가 앉을 만큼 들었던 이 말 때문일 수도 있습니다. 하지만 "안 돼!"라는 말에 진저리를 쳤던 아이들조차 성인이 되어 아이를 낳아 키우는 동안 가장 많이 하는 말 또한 "안 돼!"라는 말일 겁니다. 물론 부모라면 양육 과정에서 아이가 '해도 되는 것'과 '하면 안 되는 것'을 분명하게 구분하도록 가르쳐야 할 의무가 있습니다. 또한 성인이 된 자녀가 자기만의 건강한 규칙을 통해 그런 능력을 갖추도록 돕는 것이 부모의 역할이기도 합니다. 문제는 이 '안 돼'라는 말을 부모가 얼마나 일관성 있게 사용하느냐에 있습니다. 다시 말해 일정한 규칙이 있어야 한다는 것이죠. 가령 귀가 시간을 규칙으로 정해 놓았는데 그날그날 아빠의 기분에 따라 규칙이 달라진다면 자녀는 극도의 혼란을 겪을 수밖에 없습니다. 자정에 들어가도 아무 말 하지 않았던 아빠가 밤 9시에 들어왔다고 야단을 친다면 과연 어떤 아이가 납득할 수 있을까요.

가족이라는 일차 집단에서 아이를 양육하는 동안 사회 구성원에게 꼭 필요한 질서와 규칙을 가르쳐야 합니다. 객관적이고 합리적이지 않은, 가족만의 독특하고 예외적인 규칙이 있다면 이 또한 아이의 생활양식에 영향을 줍니다. 가족 규칙을 살펴볼 때는 현재의 가족, 그리고 원가족—부모—의 규칙을 같이 살펴보는 것이 좋습니다. 만약 각자의 원가족으로부터 받은 생활양식 차이 때문에 규칙이 부딪힌다면 결혼생활에 문제가 될 수 있습니다. 현 가족뿐 아니라 원가족의 규칙을 돌아보고 조절해야 행복한 가정을 꾸릴 수 있습니다.

《진정한 챔피언》 표지 그림 속 아이는 한눈에 봐도 억압받고 있는 상태입니다. 벽에 걸린 사진 속 어른들의 표정과 그 아래 붉은 소파에 잔뜩 주눅 든 채 앉아 있는 아이의 표정이 아주 대조적이죠.

압틴의 아버지는 아들에게 "트로피도 척척 받아 오고, 목에 금메달도 주렁주렁 걸어야 한다."고 목소리를 높입니다. 그렇게 말하는 아버지의 몸집은 어마어마하게 큰 반면 자기가 그린 그림을 등 뒤로 숨기는 압틴의 체구는 아버지의 팔뚝보다도 작습니다. 현실적으로 말도 안 되는 압도적인 크기 차이는 바로 두 사람의 존재감 차이를 상징합니다. 과도하게 큰 몸집은 아버지가 가진 욕망의 크기인 동시에 과대하게 기능하는 역할의 크기로 해석할 수 있습니다.

《진정한 챔피언》은 이러한 과대 기능에서 발현된 사소한 행동과 말 한마디가 아이에게 얼마나 큰 영향을 미치는지 시각적으로 보여 줍니다. 압틴은 대부분의 아이들이 그렇듯이 가족의 자랑이 되고 싶어 합니다. 자신으로 인해 가족 모두가 행복해지길 바라죠. 그렇다면 압틴 또한 모든 가족 구성원이 그랬듯 면면히 이어 오는 원가족의 규칙에 따라 금메달을 주렁주

《진정한 챔피언》 파얌 에브라히미 글, 레자 달반드 그림 | 모래알(키다리), 2019년

렁 목에 거는 스포츠 챔피언이 되어야만 하는 걸까요? 이 작품은 무조건적인 가족의 규칙을 강요하는 부모로 인해 고통 받는 자녀의 모습을 은연중에 드러냅니다.

가족 규칙은 가족의 체계를 조절하고 유지해 줍니다. 적절한 규칙은 가족을 화목하고 평화롭게 하지만, 이런 긍정적인 효과를 넘어서는 부정정적 영향을 미칠 수도 있습니다. 가족 규칙의 허용 범위가 너무 제한될 경우 오히려 역기능을 불러일으키기 때문입니다.

'가족' 하면 사랑, 따뜻함, 포근함 이런 단어가 떠올라야 하는데 지나치게 엄격할 경우 아이들은 어떻게 반응할까요? 이를테면 "우리 집은 아버지 말씀이 법!"이라거나 "가족 간에는 절대 의견이 달라서는 안 돼!", "누가 잘못했는지 반드시 아빠(엄마)가 알아야 해!", "가족 사이에 비밀은 없어." 하는 식의 규칙을 강요한다면 아이들은 싫지만 따를 수밖에 없습니다. 불합리하다고 느껴도 부모에게 인정받고 사랑받기 위해서는 어쩔 수 없다고 여기는 겁니다. 혹시라도 부모에게 거부당하거나 버림받을지 모른다는 두려움 때문이죠. 그래서 감당하기 힘들지만 과도하게 노력하는 아이도 있습니다. 문제는 이런 노력이 한계에 이르면 아이도 결국 손을 들게 된다는 것이죠.

《돌 씹어 먹는 아이》는 송미경 작가가 2014년 발표한 동명의 동화를 그림책으로 새롭게 펴낸 작품입니다. 볼로냐 라가치상, 미국 일러스트레이터 협회 금메달 수상으로 유명한 화가 세르주 블로크와 송미경 작가가 공동으로 작업한 역작이죠.

《돌 씹어 먹는 아이》에는 돌을 맛있게 씹어 먹는 비밀을 가진 아이가 주인공으로 등장합니다. 자신이 돌을 먹는다는 사실을 알면 가족이 실망할까 봐 아이는 차마 그 사실을 말하지 못합니다. 가족 몰래 자기만의 비밀을 가진 아이의 마음은 어떨까요? 특히 가족은 비밀이 없어야 한다는 전통적인 규칙에 짓눌린 마음 말입니다. 이러한 심리적 위축감은 소통 상황에서 왜곡되기 쉽습니다. 그리고 갈등이 격화되면 아이가 그 자리를 회피할 가능성이 상대적으로 더 높아집니다. '돌은 좋은 기억을 나게 하고, 슬픔을 흘려보내기도 한다.'라는 문장에서 유추하건대, 아이가 돌을 씹어 먹는 이유는 위안과 치유의 목적이 커 보입니다. 마음이 아플 때 책을 보거나 약을 먹고 링거를 맞는 것과 비슷한 것으로 해석할 수 있습니다. 단지 남들이 생각하는 것과 행하는 방식이 다를 뿐이죠.

《돌 씹어 먹는 아이》 송미경 글, 세르주 블로크 그림 | 문학동네, 2019년

먹을 돌이 떨어지자 아이는 가족을 떠나 여행길에 나섭니다. 거기서 아이는 자기처럼 돌을 먹는 아이들을 만납니다. 자기가 부끄럽다고 생각했던 부분을 아무렇지 않게 받아들이는 사람도 만납니다. 낯선 할아버지에게 인정받은 아이는 자신의 행동을 누군가 받아들일 수 있다는 작은 희망을 품게 됩니다. 이러한 긍정 경험을 통해 자신감을 얻고 집으로 돌아온 아이는 가족에게 자신의 비밀을 털어놓습니다. 그러자 가족들도 아이에게 자기들의 비밀을 털어놓죠.

가족 규칙보다 더 중요한 것은 구성원이 서로를 믿고 정서적으로 지지해 주는 겁니다. 가족이니까 비밀을 털어놓는다거나 가족이 알게 되면 실망할까 봐 비밀을 묻어 두는 것이 아니라, 어떠한 모습이든 가족을 믿고 내어놓을 수 있어야 합니다. 무엇보다 서로를 지지하고 서로에게 위로받는 것이 중요하니까요.

올바른 가족 관계 안에서

◆◆◆

가족 간 소통의 중요성은 말할 것도 없습니다. 인간은 소통으로 서로의 의사를 확인합니다. 의사소통 모델의 주된 개념인 메시지는 '언어적(Verbal) 메시지'와 '비언어적(Nonverbal) 메시지'로 나눌 수 있습니다. 언어적 메시지는 낱말을 사용해 정보를 주고받는 것입니다. 이를테면 대화, 전화 걸기, 음성 메일 등이 여기에 해당합니다. 비언어적 메시지는 낱말보다 우리 몸의 신호와 동작, 행동으로 주고받는 것을 의미합니다. 인간은 언어로 소통하는 것 같지만, 대부분 비언어적 메시지로 소통하는 경우가 더 많습니다. 또 언어와 비언어적 메시지가 충돌하는 경우, 언어적 메시지보다 비언어적 메시지가 좀 더 진실에 가깝다고 합니다. 언어는 비교적 조작이 쉬워서 상대의 눈을 속이는 것이 가능하지만, 비언어의 조작은 그보다 훨씬 어렵기 때문이죠.

우리가 일상생활에서 사용하는 '말과 행동이 다르다'는 말에는 '언어적 메시지와 비언어적 메시지가 다르다.'는 뜻이 내포되어 있습니다. 심리학에서, 비언어적 메시지는 인간의 무의식 세계를 반영하며 감정과 태도를 표출하는 특성이 있다고 봅니다. 그래서 오랫동안 함께한 상대로부터 전혀 생각하지 못한 이야기를 듣고 놀라는 경우, 그것은 비언어적 메시지로부터 비롯되었을 가능성이 큽니다. 종종 말로는 괜찮다고 하는데 표정이 굳어 있거나, 입술은 웃고 있는데 눈빛이 차갑다거나, 말투는 더없이 부드러운데 행동은 반대인, 이를테면 말, 몸짓, 표정, 행동이 일치하지 않는 사람을 보면 어떤 느낌이 들까요? 아마 몹시 혼란스러울 겁니다. 이처럼 말과 행동이 다른 것을 '이중 수준 메시지' 또는 '이중 메시지'라고 합니다. 사티어가 이 부분에 관심을 갖고 의사소통 이론의 주요 개념으로 설명한 이유는, 양육자가 계속해서 이중 메시지를 쓰는 경우 아이가 정신분열증[3]에 걸릴 수도 있기 때문입니다.

사람들이 이중 수준 메시지를 쓰는 이유는 자존감이 낮기 때문입니다. 자신이 못났다는 사실에 죄책감을 느끼거나 자신이 상대의 감정을 상하게 해서 관계를 망치는 것을 두려워하죠. 또 자신의 부족함 때문에 목표에 다다르지 못할까 봐 두려워합니다. 나아가 이런 자신이 거절당하거나 버려지는 것을 걱정한 나머지 오히려 적반하장으로 과대 행동을 하거나 감정을 왜곡하기도 합니다. 이중 수준 메시지의 달인, 《알사탕》의 동동이가 그렇습니다.

백희나 작가의 그림책 《알사탕》 속 동동이는 혼자 놀아도 괜찮다고 하지만, 마음속으로는 친구들과 함께 놀고 싶어 하는 아이입니다. 혹여 "너랑 안 놀아."라는 말을 듣게 될까 봐 지레 겁부터 먹고 혼자 노는 것이죠. 그러다 우연히 산 알사탕을 먹은 다음부터 다른 사람들의 속마음을 듣게 됩니다. 그때부터 다른 사람들을 이해하게 되죠. 동동이를 너무 사랑한 나머

3 2011년 '조현병'으로 명칭이 바뀌었다.

지 잔소리만 늘어놓는 아빠와 자기를 싫어한 것이 아니라 늙어서 마음껏 움직이지 못했던 강아지 구슬이의 마음을 알게 되죠. 겉으로 보이는 행동과 다른 속내를 알게 되면서 동동이는 자신이 사랑받고 있다는 사실을 깨닫습니다. 그리고 무엇보다, 마음의 이중성이 만들어 낸 속내와 행동(말)의 차이 때문에 그동안 서로를 이해하지 못하고 아프게 했다는 것도 알게 됩니다.

그림책 《가시 소년》에 나오는 소년은 마음과 달리 입을 열 때마다 가시 돋친 말을 쏟아 냅니다. "나를 사랑해 주세요.", "나랑 놀자." 하고 싶지만 결국 "시끄러워, 이 바보들아!"라고 말해 버리는 소년의 반동형성 태도는 주변 사람을 아연실색하게 하죠.

이중 수준 메시지는 무의식의 발현으로도 볼 수 있습니다. 무의식의 움직임을 먼저 점검하고 의식적으로 훈련해서 가급적 무의식이 발현되지 않도록 하는 것이 좋습니다. 이것은 양육자의 정신 건강은 물론 아이의 정신 건강에 좋을 뿐만 아니라 아이의 자존감을 높이는 방법이기도 합니다.

올바른 가족 관계 안에서 아이가 자존감을 키우고, 세상에 나갔을 때 똑바로 대응하는 힘을 기를 수 있습니다. 가족 관계를 잘 유지하는 동시에 그 안에서 에너지를 얻고 싶은 것이 어쩌면 인간의 당연한 소망이겠지만, 가족 관계라고 해서 저절로 좋아지는 것은 아닙니다. 모든 것은 상대적입니다. 살아가는 동안 맺게 되는 무수한 관계에 똑같이 적용되는 문제입니다. 이 문제를 잘 들여다볼 수 있는 책이 바로 《펑!》입니다.

《가시 소년》 권자경 글, 하완 그림 | 천개의바람, 2021년

《핑!》은 타인에게 자신의 마음을 전하는 일, 즉 사랑하는 법과 살아가는 법에 대해 알려 줍니다. 핑퐁 게임을 할 때 중요한 것은 자기가 보내는 공에 집중하는 것입니다. 상대가 어떻게 받아치느냐는 자기 몫이 아닙니다. 《핑!》은 타인의 태도를 자기가 결정할 수 없다는 사실을 비유적으로 쉽게 설명해 줍니다. 살아가면서 맺게 되는 수많은 관계도 이와 비슷합니다. 핑이 어떤 모습이냐에 따라 퐁의 모습은 계속 달라집니다. 나는 환한 미소를 보냈는데 상대는 수줍은 미소를 보낼 수도 있고, 상대가 누구냐에 따라 아예 반응이 없거나 심지어 화를 낼 수도 있습니다. 하지만 일일이 반응하지 않고 자기 마음에 집중하면 상대의 반응에 움츠러들 이유가 없습니다. 그 순간 '핑'은 스트레스가 아닌, 자유롭고 즐거운 일이란 것을 알게 되죠.

《핑!》 아니 카스티요 글, 그림 | 달리, 2020년

이왕이면 자기가 예측한 '퐁'이 오면 좋겠지만, 기대와 전혀 달라도 실망할 필요는 없습니다. '퐁'은 내가 정할 수 있는 게 아니라 상대방의 몫이기 때문입니다. 물론 어떤 답이 오더라도 의미가 있고, 배울 점이 있습니다. 당장은 속상하고 언짢을 수 있지만, 생각을 바꿔 돌이켜보면 고마운 일이 될 수도 있습니다.

마음을 열고 벽을 하나씩 없애다 보면

◆◆◆

사티어의 부모는 불명예스러운 일로 독일에서 쫓겨나 미국으로 건너간 이민자였습니다. 아버지는 서민이었고, 어머니는 귀족 가문의 딸이었습니다. 귀족 출신인 어머니가 무능력한 아버지를 무시하면서 사이가 좋지 않았고, 싸움이 끊이지 않았습니다. 현실을 회피한 아버지는 가족 문제를 해결하기는커녕 알코올중독자가 되었고, 외할머니와 어머니 역시 사이가 좋지 않아서 사티어는 가족으로부터 따뜻한 사랑을 받지 못했습니다. 다섯 살 때는 맹장이 터져 죽을 뻔한 적이 있었는데, 종교에 심취한 어머니가 기도로 낫게 하겠다며 고집을 부려 보다 못한 아버지가 사티어를 병원에 데려간 덕분에 겨우 살아났습니다. 사티어가 중이염을 앓았을 때도 치료 시기를 놓쳐 청각장애를 얻었습니다. 무척이나 불우한 어린 시절이었지만, 이러한 일들이 나중에는 사티어의 경험주의 가족치료에 그대로 녹아들었습니다. 사티어는 어린 시절의 경험을 통해 한 가지 사실을 깨달았는데, 그것은 자신이 기대한 것과 다른 결과를 맞아도 좌절하거나 실망할 필요가 없다는 것이었습니다. 그리고 열악한 신체 조건을 극복하며 끊임없이 배우고 도전한 끝에 결국 자신의 한계마저 극복해 냈습니다.

그림책 《빨간 벽》은 사티어와 관련해 꼭 권하고 싶은 책입니다. 저자인 브리타 테켄트럽은 "두려움이 벽을 만들고 그 벽이 종종 새로운 것을 놓치게 해서, 이 세상의 아름다운 것들을 놓치지 않고 볼 수 있기를 바라는 마음을 담아" 이 책을 지었다고 합니다.

"빨간 벽은 언제나 거기 있었어요."라는 말로 시작하는 그림책에는 빨간 벽이 눈 닿는 데까지 뻗어 있습니다. 안에서는 벽 너머에 있는 것이 전혀 보이지 않습니다. 벽 너머가 늘 궁금했던 꼬마 생쥐는 겁 많은 고양이, 늙은 곰, 행복한 여우, 으르렁 소리를 잃어버린 사자를 만나 물었습니다.

《빨간 벽》 브리타 테켄트럽 글, 그림 | 봄봄출판사, 2018년

"벽은 왜 있는 걸까요?"

동물들은 아주 오래전부터 벽 바깥이 위험하고, 벽 너머에는 아무것도 없다고 하면서 그냥 받아들이라고 했지만 꼬마 생쥐는 여전히 궁금했습니다. 그러던 어느 날 벽 너머에서 빛깔 고운 새 한 마리가 날아옵니다. 꼬마 생쥐는 파랑새에게 벽 너머로 데려다 달라고 말했습니다. 그리고 색색으로 펼쳐진 아름다운 세상을 보게 됩니다. 꼬마 생쥐는 자신이 만난 아름다운 세상을 다른 친구들에게도 보여 주고 싶어 합니다. 그런데 꼬마 생쥐가 다시 한번 그 광경을 보려고 돌아섰을 때 벽이 보이지 않습니다. 갑자기 벽이 없어진 걸까요? 파랑새는 처음부터 벽은 없었다고 말합니다. 결국 빨간 벽은 우리 마음이 만들어 낸 허상의 장치이자 경계이며 나를 가두는 한계였습니다. 파랑새는 이렇게 말했습니다.

"마음을 열면 벽들은 하나씩 사라질 거야."

그렇게 마음을 열고 벽을 없애다 보면 언제, 어디에선가 사티어를 만날 수 있지 않을까요? 빨간 벽 너머의 자기를 인정하고 소중하게 여기며 타인에게 선한 영향력을 발휘하며 살았던 사티어를 말이죠.

THINK

Think 1 __

138쪽을 보며 답해 봅시다. 내가 집에 늦게 들어갔을 때 나는 내 부모에게 어떻게 말하는 사람이었나요? 또 내 아이는 나에게 어떻게 말하는 사람인가요? 나의 선택과 아이의 선택이 다른가요? 어느 선택이 더 이상적이라고 생각하나요?

Think 2 __

의사소통의 방식 중 문제를 자신에게 돌리는 '회유형'과 남에게 돌리는 '비난형', 자신이 정해 놓은 규칙을 타인에게까지 적용하는 '초이성형', 주로 회피하는 '산만형' 그리고 가장 이상적인 형태의 '일치형'이 있습니다. 나와 배우자, 내 아이는 어떤 유형에 속하나요?

Think 3 __

내가 가장 소통하기 힘들어하는 상대의 의사소통 유형은 무엇인가요?

Think 4 __

나의 현 가족에게 적용하고 있는 가족 규칙은 무엇이고, 이를 수정할 용의가 있다면 어떻게 바꾸고 싶은가요?

PICTUREBOOK

PICTURE BOOK PSYCHOLOGY

6장

클라인·위니컷·페어베언

대상관계이론

누구를 만나느냐가 인생을 좌우한다

대상관계이론

인간은 혼자 살지 못합니다. 태어나는 순간부터 지속적으로 만나는 대상이 있고, 그 사이에서 관계가 생겨납니다. 그럼 관계란 무엇일까요? 우리는 단순히 물리적으로 엮인 사이를 관계라고 하지 않습니다. 가령 배고픈 아기가 "응애" 하고 울면 엄마는 아기에게 젖을 물리죠. 이때 젖만 물리는 것이 아니라 따뜻하게 안아 주고, 눈을 맞추고, 다정하게 말을 걸기도 합니다. 이렇게 배고픔만 해결하는 것이 아니라 정서적인 에너지를 투입할 때 형성되는 것이 관계입니다.

오른쪽 그림처럼 자기와 대상 사이에 감정이나 정서가 생겨났을 때 관계가 만들어집니다.

관계에 대한 욕구

◆◆◆

프로이트가 인간의 근본적인 욕구가 리비도(성적 에너지)에 있다고 봤다면, 대상관계이론은 거기서 한발 더 나아가 타인과의 심리적인 교류 즉 관계에 대한 욕구에 있다고 봤습니다. 그래서 어릴 때 맺은 대인관계의 경험이 내재화되어 성인이 된 이후의 대인관계에까지 영향을 미친다고 보았죠.

자기란 나와 관련된 의식적인 것, 무의식적인 것을 포함한 모든 정신적인 것을 말합니다. 타인은 나의 욕구를 충족시키는 수단이자 정서적 유대를 형성하는 대상으로 여기에는 사람, 사물, 장소 등등 모든 것이 포함됩니다. 나와 대상 사이에 사랑, 미움 등의 정서적인 에너지가 투입되면, 이를 대상관계라고 부릅니다.

불교에서는 '옷깃만 스쳐도 인연'이라고 하죠. 하지만 대상관계이론에서는 아닙니다. 스쳐 지나가는 사람은 나의 대상이 아닙니다. 나의 정서적 에

자기(self)

- '나'와 관련된 의식적, 무의식적 정신적 표상
- "당신은 누구십니까?"라는 질문에 대한 대답
- '나'와의 관계가 좋을 수도 있고 나쁠 수도 있음

대상(object)

- 사랑하거나 미워하는 사람, 장소, 사물, 개념, 환상 또는 기억 (정서적 에너지가 투여된)
- 대체로 사람, 특히 가깝고 중요한 사람 (유아기: 부모)

대상관계(object relations)

(정서적 에너지 투입)

- 대상관계는 자기와 대상, 그리고 그 둘의 관계에 의해 형성됨

너지가 투입되어야 하며 사랑하든 미워하든 그 대상은 나와 관계된 것이어야 합니다.

관계 속에서 경험

◆◆◆

'자기표상'과 '대상표상'은 대상관계이론을 설명하는 중요한 개념입니다. 표상表象이란 '겉으로 드러나는 형상'을 말합니다. 즉 본받을 만한 대상, 대표로 삼을 만큼 상징적인 것을 뜻합니다. 나와 관련된 모든 정신적인 것을 상징하는 '자기표상'은 자신에 대한 심리적인 느낌을 말합니다. 스스로 지각하는 것이 아니라 자신에게 의미 있는 중요한 사람, 그 대상과의 '관계 속에서 경험'하는 표상입니다. '대상표상' 또한 자신이 해석한 상대방의 이미지를 말합니다. 이를테면 어린 시절 엄마, 아빠와 경험한 정서와 느낌은 무의식에 저장되어 대상표상이 됩니다. 그리고 어른이 된 후 다른 사람을 만날 때 무의식에 저장되어 있던 대상표상이 작동하면서 반응하게 됩니다.

자기표상과 대상표상은 '대상관계이론의 창시자'로 불리는 멜라니 클라인Melanie Klein이 정립한 개념입니다. 클라인의 아버지는 의사였는데, 10개 국어를 구사할 만큼 지적으로 뛰어났습니다. 클라인은 어릴 때부터 아버지를 무척 따랐지만 아버지는 클라인의 언니를 더 예뻐했습니다. 어느 날 아버지는 무릎 위에 올라온 클라인을 밀쳐냈고, 이날의 경험은 클라인의 마음속에 아버지에 대한 대상표상으로 남았습니다. 쉽게 말해 아버지로부터 상처를 받은 것이죠. 나와 관계된 사람과 정서적 교류를 하게 되면 이렇게 클라인의 경우처럼 '흔적'이 남게 되고, 그 흔적은 대상표상으로 기억됩니다.

갓 태어난 아기는 엄마와 자신을 구분하지 못합니다. 백일은 지나야 엄마와 자신을 서서히 구분하기 시작합니다. 배고픈 아기가 "응애" 하고 울면 엄마는 아기를 안아 젖을 물립니다. 아기는 엄마를 좋은 대상으로 인식합니다. 자신이 원할 때 엄마에게 사랑받고, 자신의 욕구에 반응하는 경험을 하면서 '나는 좋은 사람'이라는 자기표상을 갖게 됩니다. 그런데 엄마가 "바쁘니까 좀 기다려." 또는 "좀 전에도 우유 줬잖아, 귀찮아. 어휴!" 하고 차갑게 반응하면 단순한 아이 입장에서는 엄마를 나쁜 대상으로 인식하게 됩니다. 기분이 나빠진 아기는 자신이 사랑받을 가치가 없는 존재라고 느낍니다. 자기표상도 부정적일 수밖에 없습니다. 다시 말해 좋은 대상을 경험하면 자신이 사랑받을 만한 존재라는 자기표상을 갖게 되고, 타인이 자신에게 잘 대해 준다는 대상표상을 갖게 됩니다. 하지만 반대의 경우, '나는 있으나 마나 한 사람'이란 부정적인 자기표상을 갖게 되고, 대상표상 또한 무너져 타인에게 비판적인 사람이 될 수 있습니다.

아이를 키우다 보면 아이가 미워서라기보다 아이가 위험한 상황에 있는 것을 보고 놀라거나 의도치 않게 화를 내는 경우가 있죠. 하지만 아이는 그런 세세한 상황에 대해서는 알지 못합니다. 당시에 느낀 감정과 정서만 무의식에 남아 내재화되죠.

대상의 감정과 행동에 반응

◆◆◆

그림책 《엄마, 잠깐만!》 속 엄마는 아이의 감정과 호기심에서 나오는 행동보다 자기만의 시간을 중요하게 여깁니다. 연신 시계와 휴대전화를 들여다보며 바쁘게 움직입니다. 엄마는 아이를 계속 재촉하면서 "빨리" "서둘러."라고 하지만 아이는 뒤를 돌아보며 천천히 걷습니다. 아마 이럴 때 아이 입장에서는 자기에게 집중해 주지 않는 엄마에게 서운한 감정이 들 겁니다. '엄마에게 받아들여지지 않는다.'고 느끼는 감정은 아이의 자기표상에 부정적 영향을 주게 되죠. 아이는 절박한 마음에 엄마에게 자꾸 "잠깐만!"이라고 외칩니다. 자기도 봐 주고 자기가 보는 멋진 풍경을 함께 봐 달라고

《엄마, 잠깐만!》 앙트아네트 포티스 글, 그림 | 한솔수북, 2015년

하는 겁니다. 아이는 눈앞에 펼쳐진 멋진 세상을 엄마와 나누고 싶어 합니다. 아이는 신나게 산책 중인 강아지를 만나고, 공사장 인부 아저씨와 손을 흔들며 인사를 나누고, 공원에서 꽥꽥 우는 오리에게 먹을 것을 던져 줍니다. 아이는 이렇게 엄마와 함께하는 일련의 행동을 통해 긍정적인 대상표상을 갖게 되죠.

우리는 대상관계를 통해 자기표상과 대상표상을 갖게 됩니다. 갓난아이는 배가 고프면 "나 배고파."라고 말하는 대신 "응애" 하고 웁니다. 공격성을 '투사'해 표현하는 것이죠. 이때 엄마가 "지금 준비하고 있잖아. 울지 마!" 하고 아이를 혼낸다면 아이는 "뭐야, 엄마는 나빠."라며 엄마를 나쁜 대상으로 인식하게 됩니다. 그리고 엄마의 젖가슴 대신 손가락을 빨면서 자기 욕구를 충족시킵니다. 외부 세계에 대한 경험을 먼저 내재화한 뒤 환상을 만들고 자기 충족 후에 다시 내재화하는 것이죠. 그렇게 아이가 밖으로 투사한 감정은 다시 돌아와 환상을 만들고, 아이는 그것을 '내사' 하면서 재경험합니다. 좀 더 쉽게 설명하자면 투사는 변별하는 과정이고, 내사는 통합하는 과정이라고 할 수 있습니다. 유아기의 아이는 이렇듯 투사하고 내사하고, 투사하고 내사하는 과정을 반복하면서 외부 세계를 인식해 갑니다.

대상관계이론에는 '투사적 동일시'라는 개념이 있습니다. 방어기제의 일종인 투사는 나 자신이 견디기 어려운 것을 남에게 던져 버리는 행위나 심리, 의식을 말합니다. 이를테면 외출을 나왔는데 차가 긁혀 있는 것을 보고 옆에 있던 아이에게 "왜 그렇게 옷차림이 엉망이야!"라며 화를 내는 경우와 비슷합니다.

'투사적 동일시'는 이러한 투사 과정에서 일어납니다. 그 말을 들은 상대 또한 '아, 난 엉망인 사람이구나.'라고 생각하게 되거나 그런 사람처럼 행동하도록 유도하는 적극적인 과정을 통해 실제로 그렇게 행동하게 된 경우를 말합니다. 가령 중요한 회의를 앞두고 사람들이 모여 있습니다. 발표자는 땀이 날 정도로 긴장하지만 이 감정을 받아들이고 싶지 않습니다. 그래서 옆 사람에게 "여기 너무 덥지 않나요?"라고 합니다. 그 말을 들은 사람의 반응은 어떨까요? 투사 대상은 발표자의 말대로 실내가 덥다고 느낍니다. 상대의 감정을 수용한 투사 대상은 '실내가 덥군.'이라는 생각을 하게 되고 창문을 열거나 "물 한잔 드릴까요?" 하며 적극적으로 행동에 나섭니다. 상대로부터 투사당한 것을 되돌려 주려는 것인데, 바로 이것이 투사적 동일시가 일어나는 과정입니다.

일반적으로 가족 간에는 전체적으로 투사와 투사적 동일시가 맞물려 일어납니다. 그림책 《폭풍이 지나가고》는 그런 과정을 여실히 보여 줍니다. 어려운 시간을 함께하는 가족의 부정적인 감정과 냉랭한 분위기를 생생히 그려 낸 책이죠.

예기치 않은 폭풍이 찾아오고, 아주 오랫동안 가족 모두가 꼼짝없이 집 안에 갇힙니다. 전 세계를 공포로 몰아넣은 팬데믹이나 가장의 실직, 갑작스러운 사건 사고를 당했을 때의 상황이 떠오르죠. 온 종일 집안에서 함께 지내야 하는 가족의 사이는 점점 어색해집니다. 신경이 곤두서 있어서 그런지 시간이 흐를수록 서로에게 지쳐 갑니다. 예민해진 아빠는 '화'라는 감

〈폭풍이 지나가고〉 댄 야카리노 글, 그림 | 다봄, 2022년

정으로 가족에게 투사를 하고, 가족 모두 따로 떨어져 있게 되죠. 차라리 혼자 있어서 다들 좋다고 생각하지만, 결국 더 큰 어려움이 닥치자 제일 먼저 떠올린 것은 가족이었습니다.

그나마 가족끼리 목소리 높여 싸운 뒤에도 어느 순간 서로의 얼굴을 보며 웃으면서 토닥거릴 수 있다면 다행입니다. 놀라운 회복력을 가졌으니까요. 그런데 단순한 투사가 아니라 상대에게 말이나 행동으로 되돌려 주는 투사적 동일시는 아주 복잡한 상호작용을 일으켜 전혀 엉뚱한 결과를 초래합니다. 예를 들면 A는 C라는 사람에게 아무런 감정이 없는데, 어느 날 B가 C에 대해 험담을 하기 시작합니다. B가 C에 대한 부정적인 생각을 A에게 투사하는 겁니다. 원래 A는 C에게 아무 감정이 없었는데, 갑자기 C에 대한 미움과 분노가 들끓게 됩니다. 그리고 B와 같이 C를 험담하거나 직접 나서서 C를 공격하기도 합니다. 이것이 바로 투사적 동일시입니다.

세 사람의 관계는 결국 어떻게 되었을까요? A와 C의 사이는 멀어지고, 무의식중에 투사적 동일시가 일어나도록 적극 유도한 B는 A에게 "너 왜 그래?" 하며 그 상황에서 빠져 버렸습니다. 보통은 이런 경우 본인이 투사를 당한 사실조차 자각하지 못하는데요, 그럴 때 자신의 문제를 깨닫고 되돌려 보려고 애쓰는 그림책이 있습니다.《여우》라는 책입니다.

날지 못하는 까치와 한쪽 눈이 보이지 않는 개는 서로를 믿고 의지하며 살아갑니다. 까치는 개의 눈이 되고, 개는 까치의 다리가 되어 주는 관계죠. 그러던 어느 날 여우 한 마리가 불쑥 나타납니다. 착하고 헌신적인 개는 아무런 의심 없이 여우를 반깁니다. 하지만 여우에게서 불길한 기운을 느낀 까치는 여우를 가까이하지 않는 게 좋겠다고 경고합니다. 여우는 까치와 개에게 자신의 감정을 투사합니다. 둘 사이의 욕망을 조금씩 비집고 들어가죠. 그리고 견고한 믿음을 가진 개보다 불안수치가 높은 까치에게 접근해 마음을 흔들어 놓습니다. 과거 자신을 구해 준 개 덕분에 새로운 삶의 희망을 얻었지만, 전처럼 맘껏 날아다니고 싶었던 까치는 결국 여우의 유혹에 넘어가고 말죠. 좀 더 빠르고 강렬한 것을 얻고 싶었기 때문입니다. 하지만 여우는 적막한 모래사막 한가운데 까치를 버려둔 채 혼자 떠나 버립니다. 이때 여우가 까치에게 한 말은, 정말 소름 돋는 피해망상자의 투사 그것입니다.

"이제 너와 개는 외로움이 뭔지 알게 될 거야."

늘 혼자였던 여우는 어디나 함께 다니는 개와 까치를 질투해서 둘을 멀리 떨어뜨려 놓으려고 했습니다. 한쪽 눈이 보이지 않는 개와 날지 못하는 까치는 절대 다시 만나지 못하고 각자 외롭게 지내게 될 거라고 생각한 것이죠. 여우는 상대적으로 욕망에 흔들리기 쉬운 까치에게 의도적으로 접근한 것이었어요.

결국 까치는 여우의 투사에 걸려들었고, 투사적 동일시가 일어났죠. 보통은 이런 경우 투사적 동일시를 깨닫지 못하는데 그래도 까치는 재빨리 알아채고 뉘우쳤습니다. 하늘을 날고 싶다는 욕심 때문에 소중한 우정을 저버렸지만, 개가 돌아온 자신을 반드시 기쁘게 맞아 줄 것이란 믿음을 안고 둘이 함께했던 시간을 떠올립니다. 그리고 스스로 희망을 찾아서 멀고 먼 길을 나섭니다.

이러한 투사적 동일시는 가족, 친구, 지인들 사이에서 흔하게 일어납니다. 특히 어렸을 때 폭력이나 학대를 당한 사람은 항상 불안해합니다. 선입견 때문에 배우자를 선택하는 것도 어려워합니다. "저 사람이 날 때릴까, 안 때릴까." 하는 과거의 불안이 현재까지 이어지기 때문이죠. 매 맞는 아내 또한 마찬가지입니다. 자신의 불안감을 남편에게 투사하던 아내는 남편이 실제 폭력을 휘두르자 "이것 봐, 또 이럴 줄 알았어!"라고 합니다. 그런데 아내의 불안감은 오히려 남편이 폭력을 행사한 이후에 사라집니다. 지속적인 불안감이 사라져서 마음이 편해졌기 때문인데 '폭력 남편을 겨우 벗어난 아내가 다시 되돌아가는 사례'가 나오는 것도 바로 그런 이유 때문입니다.

생활 속에서 나타나는 투사적 동일시에는 여러 유형이 있습니다. 상대가 자신에게 의존하게 만드는 유형은 "너는 나 없이 살 수 없어."라고 말하며 자신이 원하는 대로 상대를 움직이려고 합니다. 또 자신의 힘과 권력을 과시하는 유형은 "네가 돈을 벌겠다고? 잘도 하겠다!"라며 상대를 통제하려 합니다. 성적인 유형은 상대에게 유혹하는 신호를 보내고 상대가 이에 반응하게 합니다. 자기희생적인 유형은 상대를 위해 열심히 희생하고 헌신한 다음 "넌 내게 빚을 진 거야."라며 상대로 하여금 자신을 위해 희생하려는 마음을 갖게 합니다.

좋은 관계를 유지하기 위해

◆◆◆

'참자기'란 무엇일까요? '참자기'와 '거짓자기'는 영국의 소아과의사이자 정신분석학자인 도널드 위니컷Donald Woods Winnicott이 정립한 개념입니다. '참자기'란 타고난 능력 또는 잠재력을 가진 자신을 말합니다. 참자기는 영유아 시절 건강한 환경에서 감각운동기를 보내고 좋은 어머니로부터 모성적인 보살핌을 받으면서 촉진됩니다.

'거짓자기'란 융이 말한 페르소나와 유사한 개념입니다. 사람들은 사회생활을 하는 동안 일정 역할에서 페르소나를 쓰기도 하는데, 이것은 타인과의 관계를 촉진하기 위해 스스로 만들어 내는 그 자신의 일부분입니다.

가령 엄마와 관계를 잘 유지하기 위해 아이는 엄마가 좋아하는 것, 원하는 것에 대해 "나도 그게 좋아."라며 거짓자기를 만들어 냅니다. 싫다고 하면 엄마와 관계가 나빠지거나 힘들어질 수 있기 때문입니다. 물론 거짓자기가 꼭 나쁘기만 한 것은 아닙니다. 아이 입장에서는 엄마의 요구에 맞추기 위해 만들어 낸 자신의 일부분이며 참자기를 보호하는 역할도 하기 때문이죠.

타인과 좋은 관계를 유지하기 위해 대부분의 사람은 거짓자기를 갖고 있습니다. 집에 있을 때나 학교나 회사에 있을 때, 친구나 애인과 있을 때의 모습이 다 다른 것도 그 때문이죠. 문제는 두께인데 거짓자기가 두꺼워지면 자신의 본질을 가릴 수 있습니다. 그런 만큼 참자기와 거짓자기에 대해 분명하게 알 필요가 있습니다.

"내 아이를 잘 키우고 싶으면 배우자에게 잘하세요."라는 말이 있습니다. 사람들은 왜 이런 말을 할까요? 부부 관계는 아이에게 많은 영향을 끼칩니다. 의존적인 유아는 모성적 보살핌이 절대적으로 필요합니다. 이것을 안아 주기 환경, '홀딩holding'이라고 하는데, 유아가 잘 성장하기 위해서는 심리적으로나 신체적으로 이러한 안아 주기 환경이 지속되어야 합니다. 부부 사이가 좋지 않으면 아이는 그것을 자기 탓으로 돌리며 무서워합니다.

앞서 말한 삼각관계의 경우, 매일 싸우는 부모님을 보며 불안해하는 아이를 두고 엄마 아빠는 서로 자기편을 만들려고 합니다. 삼각관계에서 이러한 고무줄 묶기는 아이에게 아주 힘든 과정입니다. 특히 이 과정을 자주 경험한 아이들은 건강하게 분화하지 못합니다.

대상관계이론에서는 특히 아빠의 역할을 강조합니다. 아이에게 엄마의 역할과 아빠의 역할을 확실히 보여 줄 뿐 아니라 엄마의 도덕적 권위를 세우는 데 있어서 아빠의 역할이 중요하기 때문입니다. 그리고 아이에게 아빠의 존재감을 알려 주는 그 자체가 아주 중요하다고 봅니다.

그림책 《오소리의 시간》 속 핌의 아빠는 그래서 참 반가운 캐릭터입니다. 오소리에 대해 속속들이 알 만큼 똑똑한 핌은 곧 학교에 간다는 설렘으로 가득했습니다. 하지만 무슨 일인지 학교에 다녀온 뒤로 핌에게 문제가 생겼습니다. 학교를 가야 하는데 배 속은 너무 무겁고, 자갈이 꽉 찬 것처럼 머리가 무겁습니다. 온몸이 아픈데 그 이유를 아무도 몰랐죠.

《오소리의 시간》 그로 달레 글, 카이아 달레 뉘후스 그림 | 길벗어린이, 2022년

핌의 엄마는 "모든 아이는 학교에 가야 해."라고 말하며 핌을 학교에 보내지만 아빠는 달랐습니다. 깊은 동굴 속으로 들어가 숨고 싶은 핌의 마음을 이해하고 공감해 주었죠.

아빠는 핌을 위해 어른들이 할 수 있는 일을 찾으면서 핌을 격려했습니다. 핌이 할 수 있는 만큼의 노력을 알려 주었죠. 핌은 조용히 자기만의 시간을 보내는 방법을 알게 되었고, 어느새 학교에서 지내는 시간이 점점 편해지는 걸 느낍니다. 가끔 다시 배가 불편하고 어디론가 숨고 싶어질 때는 자기와 비슷한 오소리들이 모여 있는 도서관으로 향했습니다. 아이를 나무라는 대신 공감하고, 함께 방법을 찾아가는 핌의 아빠야말로 진정한 어른의 모습이지 않을까요.

안아 주기 환경으로서의 부모

◆◆◆

'안아 주기 환경'으로서의 엄마는 아이를 지켜볼 줄도 알아야 합니다. 새로운 것에 집중하며 즐거워하는 아이 옆에서 "그래그래, 잘했어." 하고 공감해 주거나 "한 번 더 해봐."라며 언어적인 자극을 주면서 거울 반응을 할 수도 있지만, 아이가 뭔가에 집중하고 있을 때는 마치 고요한 뒷산처럼 가만히 지켜보는 것이 좋습니다. 가령 가위질 놀이를 하는 아이는 종이를 자르고, 커튼을 자르고, 자기 머리카락을 자르는 등의 여러 가지 시도를 해볼 텐데, 이럴 때 엄마가 굳이 공감해 주지 않아도 됩니다. "잘했어.", "우아, 우리 아기 참 잘하네." 하지 않고, 아이가 다치지 않도록 지켜보기만 해도 괜찮다는 말입니다. 항상 아이에게 말을 걸고 상호작용해야 할 필요는 없습니다. 자꾸 참견하는 엄마 때문에 아이가 흥미를 잃고 딴 데 눈을 돌릴 수도 있으니까요. 이런 경우 결코 좋은 '안아 주기 환경'이라고 할 수 없습니다. 안아 주기 환경으로서의 부모의 모습을 살펴볼 수 있는 두 권의 그림책 《나는 강물처럼 말해요》와 《벽 속에 사는 아이》가 있습니다.

우선 《나는 강물처럼 말해요》에는 말을 더듬는 아이가 나옵니다. 아버지는 말을 더듬는 아이를 있는 그대로 인정해 줍니다. 두 사람은 강가에서 조용하고 따뜻한 추억을 함께 만듭니다. 강물을 바라보던 아버지가 아이에게 "굽이치고 부딪히고 부서져도 쉼 없이 흐르는 강물처럼 너도 그렇게 말한다."라고 말합니다.

《벽 속에 사는 아이》 아네스 드 레스트라드 글, 세바스티앙 슈브레 그림 | 어린이작가정신, 2019년

강물을 마주한 아이는 그렇게 아버지의 격려와 위로를 받으며 내면의 아픔을 치유해 갑니다. 남과 다른 자신을 긍정하는 과정을 섬세하게 그려 낸 그림책입니다.

《벽 속에 사는 아이》는 자폐 스펙트럼 장애를 가진 아이의 이야기입니다. 자폐 스펙트럼 장애란 과거 자폐성 장애, 아스퍼거 증후군으로 알려진 발달장애의 통합적인 개념입니다. 책에서는 자폐 스펙트럼 아이를 '벽 속에 사는 아이'라고 부릅니다.

아이는 벽 속에서 지내지만 부모는 억지로 아이를 끄집어내려고 하지 않습니다. 벽에 아주 작은 구멍을 내고 그 앞에서 노래를 부르거나 이야기를 들려주면서 아주 천천히 아이에게 다가갑니다. 그리고 어느 날 아이가 구

《가만히 들어주었어》 코리 도어펠드 글, 그림 | 북뱅크, 2019년

멍 밖으로 내민 손을 부모는 가만히 잡아 줍니다.

《가만히 들어주었어》는 가만히 지켜봐 주는 것만으로도 위로받는 아이의 모습을 그린 그림책입니다. 테일러는 공으로 새롭고 놀라운 것을 만들어 냅니다. 그런데 난데없이 날아온 새 떼가 모든 것을 망가뜨리고 맙니다. 실의에 빠진 테일러에게 동물들이 하나둘 다가와 이야기합니다.

"어떻게 된 건지 말해 봐."

"소리를 질러 봐."

새들에게 복수하는 방법을 알려 주기도 하지만 테일러는 아무것도 하고 싶지 않습니다. 그때 소리 없이 다가와 따뜻한 체온을 전하는 동물이 있습니다. 토끼입니다. 토끼는 테일러가 흥분을 가라앉히고, 다시 시작할 마음이 들 때까지 조용히 기다려 줍니다. 가끔은 아이 스스로 마음을 움직이고, 용기 내 다시 일어설 수 있도록 기다려 주는 양육 방식도 필요합니다.

대상관계이론에 꼭 등장하는 문구가 있습니다. 'good enough mother'입니다. 우리말로 옮기면 '참 좋은 엄마', '충분히 좋은 엄마'입니다. 아이에게 최적의 편안함과 위안을 주는 엄마를 의미하죠. 그런데 최고의 엄마란 과연 어떤 사람일까요? 최고의 엄마는 앞에서 말한 대상으로서의 엄마가 아닌 환경으로서의 엄마에 가깝습니다. 즉 '안아 주기 환경'을 잘 제공하는 엄마입니다.

아이의 경험을 존중하는 부모

◆◆◆

엄마로부터 분리되기 시작하는 이행기의 아이는 마음을 안정시키기 위해 물건에 집중합니다. 이를 중간 대상이라고 합니다. 생후 18개월 아이는 세상에 대한 호기심이 많아지고 활동도 왕성해집니다. 요구하는 것도 많아지죠. 엄마들은 위험하다고 말리거나 아이를 통제하기 시작합니다. 이것도 안 되고, 저것도 안 된다고 하면 아이들은 심적으로 불안해하고, 분노합니다. 그리고 그럴수록 안정을 찾으려고 합니다. 이럴 때 아이가 집착하는 것이 중간 대상인데, 아이는 잠잘 때, 학교 갈 때, 심지어 여행 갈 때도 애착 물건을 가져가야 합니다. 간혹 아이의 애착 물건을 보며 "아휴, 더러워!"라고 하거나 "이 꼬질꼬질한, 냄새나는 것!" 하면서 버리는 분들도 있는데, 이 시기에는 아이의 경험을 소중히 하고, 인정해 주는 것이 좋습니다. 아이의 경험을 존중하는 엄마야말로 '참 좋은 엄마'라고 할 수 있습니다.

모 웰렘스의 〈Knuffle Bunny〉 시리즈는 이행기 시기의 아이에게 애착 물건이 얼마나 소중하고, 안정감을 주는지, 그리고 그런 아이가 부모에게 존중받는 모습을 감동적으로 그린 책입니다. 시리즈의 첫 편 《꼬므 토끼》는 아직 말을 하지 못하는 아이가 토끼 인형에 애착을 느끼는 이야기입니다. 트릭시가 아빠와 빨래방에 갔다 두고 온 인형을 찾으러 가는 과정을 그리고 있습니다.

두 번째 편 《내 토끼 어딨어?》는 트릭시가 좀 더 자라 유치원에 다닐 즈음의 이야기입니다. 트릭시가 유치원에 데려간 애착 인형 때문에 벌어지는 소동을 그렸습니다.

마지막 편 《내 토끼가 또 사라졌어!》는 할머니 댁에 가던 길에 비행기에 토끼를 두고 내린 트릭시의 이야기입니다. 트릭시는 우여곡절 끝에 애착 인형을 되찾지만 기내에서 만난 어린아이가 울음을 그치지 않자 어렵게 찾은 토끼 인형을 주려고 합니다.

"아기가 제 꼬마 토끼를 좋아할까요?"

그 말을 들은 어른들은 바로 "그래, 고맙다." 하지 않고 "정말 괜찮겠니?"라고 트릭시에게 되묻습니다. 트릭시에게 토끼 인형이 얼마나 소중한 존재인지 이해하기 때문이죠. 애착 인형을 기꺼이 내주는 아이의 마음을 이해하는 것은 물론 아이를 어엿한 대상으로 인정하고 존중하는 어른들의 모습에서 그동안 우리가 아이들을 어떻게 대했는지 돌아보게 됩니다.

18개월 유아에게는 매일매일이 탐험의 연속입니다. 아이의 전능한 자아가 세상을 정복하겠다고 나서도 전혀 놀랄 일이 아니죠. 그런 만큼 항상 아이를 온화하게 대하면서 양육하기란 쉽지 않습니다. 이 시기의 아이가 공격적인 행동을 해도 엄마가 이를 왜곡하지 않고 견디는 것을 '대상 사용 견딤'이라고 합니다. 생각해 보면 18개월 아이에게 익숙한 것은 아무것도 없습니다. 걸음을 옮기는 것부터 무엇 하나 쉬운 것이 없습니다. 넘어지거나 흘리는 것이 일상이죠. 간혹 아이에게 화를 내거나 야단을 치는 어른이 있긴 해도 순간적으로 반응하는 것에 가깝습니다.

그림책《엄마가 정말 좋아요》에 등장하는 엄마는 항상 혼내는 말투로 말합니다. 아이가 그런 엄마의 말투를 바꾸어 줍니다. 엄마가 "얼른 일어나! 또 늦잠이야."라고 하거나 "흘리지 좀 마! 몇 번을 말해야 알아들어. 얼

《엄마가 정말 좋아요》 미야니시 다쓰야 글, 그림 | 길벗어린이, 2015년

른 먹어."라고 말하면 아이는 "잘 잤니?" 하며 다정하게 꼭 안아 주거나 "혼자서도 잘 먹네. 많이 먹어."라고 말하는 엄마가 더 좋다고 합니다. 아이의 시선으로 '대상 사용 견딤'이 어떤 것인지, 아이와 어떻게 대화해야 할지 잘 알려 주는 책입니다.

《엄마는 집 같아요》는 아이가 엄마 배 속에 있을 때부터 태어나서 막 걷기 시작하는 돌 무렵까지 아이의 시선으로 본 그림책입니다. 이 시기의 아이에게 엄마라는 존재는 집이고, 자동차이기도 하고, 산꼭대기이며, 캥거루, 분수이기도 합니다. 아이에게 엄마가 얼마나 강렬하고 인상적인 존재인지 알 수 있죠. 안아 주는 환경으로서의 엄마를 잘 표현한 그림책입니다.

《아빠! 아빠! 아빠!》에 등장하는 아빠는 아이가 행복하다면 뭐든 할 수 있습니다. 아이는 하루에도 수십 번씩 아빠를 부르고, 아빠는 그때마다 달려와 해결사 역할을 합니다. 목말을 태워 주고, 탁자가 되고, 그네가 되고, 심지어 축구공이 되어 주죠. 아이는 잠자리에 들기 전 또 아빠를 부릅니다. 아빠의 대답이 없자 방을 나온 아이는 지쳐 쓰러져 소파에서 잠이 든 아빠를 발견합니다. 그리고 아빠에게 베개가 되어 주죠. 아이의 부름과 요구에 대상으로서 사용을 견디는 아빠의 모습을 유쾌하면서도 감동적으로 그린 그림책입니다.

인간은 누구나 대인관계에 대한 욕구와 두려움을 동시에 갖고 있습니다. 그리고 이왕이면 좋은 사람을 만나 좋은 체험을 하고 싶어 합니다. 또 자신이 잘하든 못하든, 상대가 자신을 거부하지 않고 늘 그 자리에 있어 주기를 바랍니다. '좋은 대상 체험'과 '언제나 그 자리에 있는 대상 체험'은 인간의 기본 욕구에 가까우나 그 이면에는 두려움도 존재합니다. 이것을 영국의 정신분석학자인 페어베언William Ronald Dodds Fairbairn은 '멸절의 공포'로 정의했습니다. '멸절'이란 아예 사라져 없어지는 것을 의미합니다. 특히 혼자 살아갈 수 없는 유아에게 이러한 관계는 생존과 결부되어 있습니다. 이 시기에 분리 경험을 한 아이는 성인이 되어 낯선 곳에 가거나 새로운 사람을 만날 때 불안지수가 올라갈 수도 있습니다.

멸절의 공포는 좋은 대상 체험 상실이나 자기 관계 상실을 두려워하는 것입니다. 좋은 대상 체험 상실은 자신을 격려하고 보듬어 줄 대상에게 거절당하거나 버려지는 것에 대한 두려움입니다. 또 너무 거대하거나 강력한 통제력을 발휘하는 대상에게 먹혀 버릴지 모른다는 두려움이기도 합니다. 자기 관계 상실은 자기 자신과의 관계를 상실해서 공허해지는 것에 대한 두려움입니다. 다시 말해 나의 개별성과 나에 대한 통제력을 잃는 것에 대한 두려움입니다. 이러한 멸절의 공포를 다룬 그림책으로는 《엄마 마중》, 《미영이》, 《잠자리 편지》 등이 있습니다.

《엄마 마중》에 나오는 꼬마 아이는 한겨울 전차가 오가는 정류장에서 온종일 엄마를 기다립니다. 찬 바람이 불어도 꼼짝하지 않고 코가 빨개진 채로 언제 올지 모르는 엄마를 하염없이 기다리죠. 그림에서 아이의 마음이 그대로 느껴집니다. 다행히 마지막 장에서 아이는 엄마 손을 잡고 흰 눈이 휘날리는 골목길을 올라갑니다. 추운 겨울 시린 마음을 녹이는 풍경입니다.

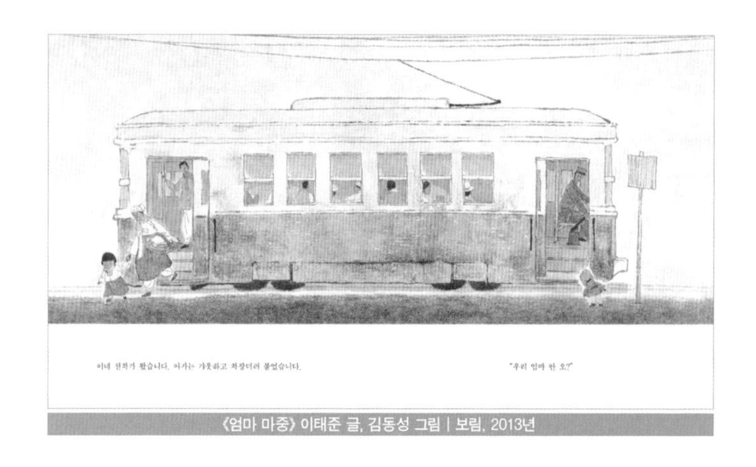

《엄마 마중》 이태준 글, 김동성 그림 | 보림, 2013년

《미영이》와 《잠자리 편지》 또한 아이가 느끼는 멸절의 공포를 다룬 그림책입니다. 《미영이》에서 엄마는 이웃집에 미영이를 맡기고 떠났고, 《잠자리 편지》 속 엄마는 할머니에게 아이를 맡기고 떠납니다. 모두 엄마와의 분리로 인해 멸절의 공포를 느끼는 아이의 심리를 그린 그림책입니다.

4단계의 분리 개별화

◆◆◆

세상에 태어난 이후부터 아이는 자기의 길을 나름대로 잘 걸어가며 발달합니다. 제 몸을 뒤집지도 못하던 아이가 시간이 흐르면 스스로 기고, 앉고, 서고, 걷고, 달리기 시작합니다. 신체뿐 아니라 심리적으로도 계속 성장해 가죠. 대상관계이론에 따르면 아이는 태어난 이후에도 한동안 엄마와 융합되어 있다 단계적으로 독립해 간다고 합니다. 점차 개별적이고 개성적인 존재가 되어 가는 것이죠. 헝가리 출신의 정신분석학자 마가렛 말러 Margaret Schoenberger Mahler는 이러한 과정을 가리켜 '분리 개별화'라고 명명하고, 총 4단계의 분리 개별화가 이루어진다고 봤습니다.

0~2개월 사이의 신생아는 '자폐 단계'에 있습니다. 이 시기에는 자기와 엄마가 타인이라는 것을 구분하지 못합니다. 심지어 젖이 자기에게서 나온다고 느낍니다. 왜일까요? 아기는 엄마의 배 속이라는 완벽한 환경에서 살다가 갑자기 밖으로 나옵니다. 불안한 나머지 먹고 숨 쉬고 소화하는 등 오로지 생존에 집중할 수밖에 없습니다. 그렇게 세상을 살아갈 준비를 하는 데 에너지가 쏠리는 시기이기 때문에 자연스럽게 '자폐'라는 이름을 붙이게 된 것입니다.

자폐 단계를 지난 아이는 엄마와 눈을 맞추고 미소를 짓습니다. 세상에 나와 다른 대상이 존재한다는 것을 인식하는 때입니다. 하지만 여전히 엄마와 분리되지 않은 채 엄마와 자신을 하나의 '몸'처럼 지각합니다. 이러한 생후 2~6개월 사이를 '공생 단계'라고 합니다. 공생 단계에서는 다음 단계인 '개별화'를 위해 엄마와 충분히 붙어 지내면서 만족감을 얻는 관계를 형성해야 합니다. 애착이론을 정립한 볼비의 말대로 이 시기에 엄마와 붙어 지내면서 맘껏 먹고 충분한 애정을 받은 아이는 엄마와 떨어져 있어도 편안하게 잘 자고 놉니다. 반면 만족스럽지 못한 환경에 있는 아이는 혼자 있지 못하고 자꾸 칭얼거립니다. 엄마에게 집착하는 불안정한 모습을 보입니다. 이 시기에는 엄마가 아이와 충분히 함께 있어 주는 것이 중요합니다.

6~24개월 사이의 아이는 엄마 이외의 사람들에게 시선을 돌리기 시작합니다. 주변을 관찰하고, 낯가림을 시작합니다. 행동반경이 점점 넓어지고, 이것저것 만지고 탐험하면서 자신의 세계를 조금씩 확장해 나갑니다. 분리 개별화가 이루어지며 자아 전능감이 아주 발달하는 시기로 아이는 세상을 향해 거침없이 나아갑니다.

그림책 《주머니 밖으로 폴짝!》의 아기 캥거루도 비슷한 경험을 합니다. 세상을 다 알 것 같은 자신감에 아기 캥거루는 엄마의 배 주머니에서 폴짝 뛰어 밖으로 나가지만, 낯선 것에 대한 두려움과 엄마로부터 분리된 불안감을 이기지 못하고 다시 뛰어 돌아옵니다. 이럴 때는 "너 혼자 해보겠다고 뛰쳐나갈 땐 언제고 다시 와서 치근대!"라고 할 게 아니라 아이가 세상을 잘 탐험할 수 있도록 엄마가 안전기지 역할을 해주어야 합니다.

대상에 대한 미움과 사랑을 동시에 가질 수 있게

◆◆◆

이 시기를 잘 보낸 만 3세 이전의 아이들은 '대상항상성'을 배우게 됩니다. 대상항상성이란 마치 까꿍 놀이처럼 눈에 보이지 않아도 물건이 있다는 것을 알고, 특정 대상에 감정을 집중할 수 있는 능력을 말합니다. 또한 대상에는 좋은 점과 나쁜 점이 공존한다는 것을 배워 이를 조절할 수 있

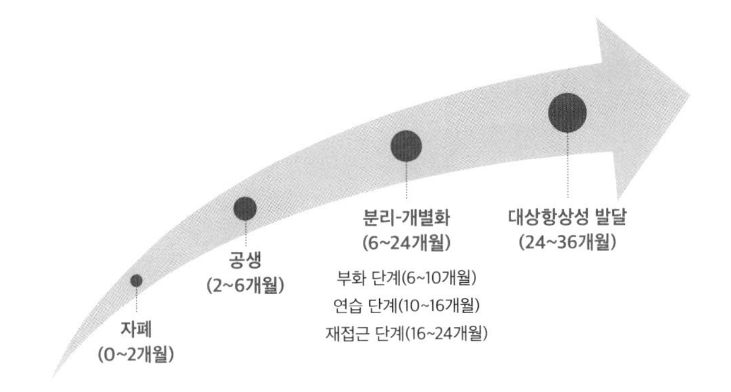

는 능력을 말하기도 합니다. 이를테면 엄마가 어떤 날은 야단을 칠 수도 있고, 어떤 날은 소리를 지를 수도 있습니다. 때때로 화가 난 엄마는 아이에게 정서적 위협을 가할 수도 있습니다. 하지만 대상항상성이 잘 형성되면 엄마에 대한 근본적인 정서는 흔들리지 않습니다. '내가 잘못해서 엉덩이를 때려도 기본적으로 나를 향한 엄마의 마음은 사랑'이란 것을 알게 됩니다. 하지만 엄마가 불안정하거나 아이와의 관계가 좋지 않을 때는 아이의 대상항상성도 제대로 형성되지 않습니다.

만약 대상항상성이 형성되지 않으면 어떤 일이 생길까요? 대상항상성을 가진 사람은 대상을 바라볼 때 전체를 봅니다. 더러 부족한 면이 있어도 "난 참 괜찮은 사람 같아."라고 여기며 자신과 상대를 균형적이고 통합적인 관점으로 바라봅니다. 그러나 대상항상성이 형성되지 않은 사람은 자기의 부족한 면 때문에 '나는 부족한 사람이야. 나는 못난 존재야.'라고 생각하며 자신을 인정하지 않습니다. 마음에 들지 않는 아주 작은 것 하나 때문에 신경을 곤두세우고 자기 자신을 힘들게 합니다. 자신이 좋아하는 면을 보여 줄 때만 상대를 좋아하고, 상대의 싫은 면은 인정하지 못합니다. 그러다 보니 관계를 유지하기 쉽지 않습니다.

대상에 대한 미움과 사랑을 동시에 가질 수 있게 하는 대상항상성은 만 3세 이전에 형성되어야 합니다. 대상항상성을 갖춘 유아는 엄마에 대한 좋은 표상과 나쁜 표상을 잘 통합시키며, 이를 통해 자신에 대한 표상도 잘 통합할 수 있게 되면서 자기 정체성을 확립해 나가기 때문입니다.

이런 분리 개별화를 다룬 그림책으로 《주머니 밖으로 폴짝!》, 《무릎딱지》 등이 있습니다. 특히 《우리는 언제나 다시 만나》는 대상항상성에 대해, 《고함쟁이 엄마》는 분리 개별화에 대해 잘 풀어낸 그림책입니다.

대상관계이론에서 말하는 건강한 사람의 특징 몇 가지가 있습니다. 좋고 나쁨이 극단적으로 흐르지 않고 대상에 대한 통합성이 확립되어 있는 사람, 그러면서도 개별화가 잘 되어 있는 사람, 자신과 대상 간 독립성을 유지하면서 균형적이고 안정적인 감각을 가진 사람입니다. 누구나 살다 보면 자신에 대해 실망하기도 하고, 부끄러운 점을 발견하기도 합니다. 이럴 때는 굴을 파고 들어갈 것이 아니라 내면의 아름다움과 강함, 편안함을 잊지 않고 찾아내어 균형을 이루어야 합니다. 그것이 진정한 자존감이자 내적 힘입니다.

THINK

Think 1 __

우리는 대상관계를 통해 자신에 대한 심리적인 느낌을 가지게 되는 ‘자기표상’을 합니다. 나 스스로 생각하는 긍정적 자기표상과 부정적 자기표상에 대해 기록해 보고, 그런 느낌을 가지게 된 이유를 찾아봅시다.

Think 2 __

나는 《나는 강물처럼 말해요》의 아빠처럼 ‘안아 주기 환경’을 제공하는 부모인가요? 나는 아이에게 어떤 부모가 되고 싶은가요?

Think 3 __

나와 배우자의 관계는 어떠한가요? 두 사람의 모습은 아이가 긍정적인 대상관계를 형성할 수 있도록 도와주고 있나요?

Think 4 __

대상을 바라볼 때 좋은 점과 나쁜 점을 동시에 알고 전체를 균형 있게 볼 줄 아는 ‘대상항상성’은 매우 중요합니다. 대상항상성을 가진 아이로 키우기 위해서 내가 할 수 있는 일을 생각해 봅시다.

PICTUREBOOK

1장

《시저의 규칙》 유준재 글, 그림 | 그림책공작소, 2020년

《파랑 오리》 릴리아 글, 그림 | 킨더랜드, 2018년

《안아 줘!》 제즈 앨버로우 글, 그림 | 웅진주니어, 2000년

《빨강 캥거루》 에릭 바튀 글, 그림, 이순영 옮김 | 북극곰, 2017년

《우리는 언제나 다시 만나》 윤여림 글, 안녕달 그림 | 위즈덤하우스, 2017년

《100만 번 산 고양이》 사노 요코 글, 그림, 김난주 옮김 | 비룡소, 2002년

《알도》 존 버닝햄 글, 그림, 이주령 옮김 | 시공주니어, 2017년

《주머니 밖으로 폴짝!》 데이비드 에즈라 스테인 글, 그림, 고정아 옮김 | 시공주니어, 2011년

《엄마 껌딱지》 카롤 피브 글, 도로테 드 몽프레 그림, 이주희 옮김 | 한솔수북, 2017년

《너 왜 울어?》 바실리스 알렉사키스 글, 장-마리 앙트낭 그림, 전성희 옮김 | 북하우스, 2009년

《엄마가 화났다》 최숙희 글, 그림 | 책읽는곰, 2011년

《정육점 엄마》 권은정 글, 그림 | 월천상회, 2021년

《혼나기 싫어요!》 김세실 글, 폴린 코미스 그림 | 나무말미, 2021년

《엄마, 난 도망갈 거야》 마거릿 와이즈 브라운 글, 클레먼트 허드 그림, 신형건 옮김 | 보물창고, 2008년

《그 길에 세발이가 있었지》 야마모토 켄조 글, 이세 히데코 그림, 길지연 옮김 | 봄봄출판사, 2021년

《완벽한 아이 팔아요》 미카엘 에스코피에 글, 마티외 모데 그림, 박선주 옮김 | 길벗스쿨, 2017년

2장

《고양이는 다 알아?》 브렌던 웬젤 글, 그림, 김지은 옮김 | 올리, 2023년

《특별한 노랑 풍선》 팀 합굿 글, 그림, 노은정 옮김 | 사파리, 2012년

《달라질 거야》 앤서니 브라운 글, 그림, 허은미 옮김 | 미래엔아이세움, 2003년

《달빛 청소부》 젤리이모 글, 그림 | 올리, 2022년

《어떤 고양이가 보이니?》 브렌던 웬젤 글, 그림 | 애플비, 2016년

《오리와 부엉이》 한나 요한젠 글, 케티 벤트 그림, 임정희 옮김 | 꿈터, 2021년

《쿵쾅! 쿵쾅!》 이묘신 글, 정진희 그림 | 아이앤북, 2020년

《혼자 남은 착한 왕》 이범재 글, 그림 | 계수나무, 2014년

《공원에서》 앤서니 브라운 글, 그림, 공경희 옮김 | 웅진주니어, 2021년

《네 마음을 알고 싶어!》 피오나 로버튼 글, 그림, 이정은 옮김 | 사파리, 2022년

《보이거나 안 보이거나》 요시타케 신스케 글, 그림, 고향옥 옮김 | 토토북, 2019년

《새로운 날개》 키티 크라우더 글, 그림, 나선희 옮김 | 책빛, 2021년

3장

《100 인생 그림책》 하이케 팔러 글, 발레리오 비달리 그림, 김서정 옮김 | 사계절, 2019년

《내 이름은 자가주》 퀸 블레이크 글, 그림, 김경미 옮김 | 마루벌, 2010년

《강아지똥》 권정생 글, 정승각 그림 | 길벗어린이, 1996년

《줄리의 그림자》 크리스티앙 브뤼엘 글, 안 보즐렉 그림, 박재연 옮김 | 이마주, 2019년

《에드와르도》 존 버닝햄 글, 그림, 조세현 옮김 | 비룡소, 2006년

《빨강 크레용의 이야기》 마이클 홀 글, 그림, 김하늬 옮김 | 봄봄출판사, 2017년

《선아》 문인혜 글, 그림 | 이야기꽃, 2018년

《지하정원》 조선경 글, 그림 | 보림, 2005년

《할머니 주름살이 좋아요》 시모나 치라올로 글, 그림, 엄혜숙 옮김 | 미디어창비, 2016년

《인생은 지금》 다비드 칼리 글, 세실리아 페리 그림, 정원정, 박서영(무루) 옮김 | 오후의소묘, 2021년

《오늘 상회》 한라경 글, 김유진 그림 | 노란상상, 2021년

《나는, 비둘기》 고정순 글, 그림 | 만만한책방, 2022년
《날고 싶지 않은 독수리》 제임스 애그레이 글, 볼프 에를브루흐 그림, 김경연 옮김 | 풀빛, 2000년
《어느 늙은 산양 이야기》 고정순 글, 그림 | 만만한책방, 2020년
《여행 가는 날》 서영 글, 그림 | 위즈덤하우스, 2018년

4장

《돼지책》 앤서니 브라운 글, 그림, 허은미 옮김 | 웅진주니어, 2001년
《나 때문에》 박현주 글, 그림 | 이야기꽃, 2014년
《토라지는 가족》 이현민 글, 그림 | 고래뱃속, 2019년
《수영장에 간 아빠》 유진 글, 그림 | 한림출판사, 2019년
《감자 이웃》 김윤이 글, 그림 | 고래이야기, 2014년
《달 밝은 밤》 전미화 글, 그림 | 창비, 2020년
《그렇게 나무가 자란다》 김홍식 글, 고정순 그림 | 씨드북, 2019년
《빨간 줄무늬 바지》 채인선 글, 이진아 그림 | 보림, 2007년
《모르는 척 공주》 최숙희 글, 그림 | 책읽는곰, 2012년
《인어아빠》 허정윤 글, 잠산 그림 | 올리, 2022년
《경옥》 이명환 글, 그림 | 한솔수북, 2022년
《미장이》 이명환 글, 그림 | 한솔수북, 2020년

5장

《다시 그곳에》 나탈리아 체르니셰바 글, 그림 | JEI재능교육, 2015년
《조금 부족해도 괜찮아》 베아트리체 알레마냐 글, 그림, 길미향 옮김 | 현북스, 2014년
《너 왜 울어?》 바실리스 알렉사키스 글, 장-마리 앙트낭 그림, 전성희 옮김 | 북하우스, 2009년
《곰씨의 의자》 노인경 글, 그림 | 문학동네, 2016년

《줄무늬가 생겼어요》 데이빗 섀논 글, 그림, 조세현 옮김 | 비룡소, 2006년
《진정한 챔피언》 파얌 에브라히미 글, 레자 달반드 그림, 이상희 옮김 | 모래알(키다리), 2019년
《돌 씹어 먹는 아이》 송미경 글, 세르주 블로크 그림 | 문학동네, 2019년
《알사탕》 백희나 글, 그림 | 책읽는곰, 2017년
《가시 소년》 권자경 글, 하완 그림 | 천개의바람, 2021년
《펑!》 아니 카스티요 글, 그림, 박소연 옮김 | 달리, 2020년
《빨간 벽》 브리타 테켄트럽 글, 그림, 김서정 옮김 | 봄봄출판사, 2018년

6장

《엄마, 잠깐만!》 앙트아네트 포티스 글, 그림, 노경실 옮김 | 한솔수북, 2015년
《폭풍이 지나가고》 댄 야카리노 글, 그림, 김경연 옮김 | 다봄, 2022년
《여우》 마거릿 와일드 글, 론 브룩스 그림, 강도은 옮김 | 파랑새어린이, 2012년
《오소리의 시간》 그로 달레 글, 카이아 달레 뉘후스 그림, 공경희 옮김 | 길벗어린이, 2022년
《나는 강물처럼 말해요》 조던 스콧 글, 시드니 스미스 그림, 김지은 옮김 | 책읽는곰, 2021년
《벽 속에 사는 아이》 아네스 드 레스트라드 글, 세바스티앙 슈브레 그림, 이정주 옮김 | 어린이작가정신, 2019년
《가만히 들어주었어》 코리 도어펠드 글, 그림, 신혜은 옮김 | 북뱅크, 2019년
《내 토끼 어딨어?》 모 윌렘스 글, 그림, 정회성 옮김 | 살림어린이, 2008년
《내 토끼가 또 사라졌어!》 모 윌렘스 글, 그림, 정회성 옮김 | 살림어린이, 2010년
《엄마가 정말 좋아요》 미야니시 다쓰야 글, 그림, 이기웅 옮김 | 길벗어린이, 2015년
《엄마는 집 같아요》 오로레 쁘띠 글, 그림, 고하경 옮김 | 개암나무, 2020년
《아빠! 아빠! 아빠!》 콩스탕스 베르루카·줄리앙 히르생제 글, 아누크 리카르 그림, 이슬아 옮김 | 여유당, 2021년
《엄마 마중》 이태준 글, 김동성 그림 | 보림, 2013년
《미영이》 전미화 글, 그림 | 문학과지성사, 2015년
《잠자리 편지》 한기현 글, 그림 | 글로연, 2016년

《주머니 밖으로 폴짝!》 데이비드 에즈라 스테인 글, 그림, 고정아 옮김 | 시공주니어, 2011년

《무릎딱지》 샤를로트 문드리크 글, 올리비에 탈레크 그림, 이경혜 옮김 | 한울림어린이, 2010년

《고함쟁이 엄마》 유타 바우어 글, 그림, 이현정 옮김 | 비룡소, 2005년

참고 문헌

단행본

가영희 외 지음, 《성인학습 및 상담》, 동문사, 2013

강문희 지음, 《부모자녀간의 의사소통》, 다음세대, 2001

구광현·가영희·이규영 지음, 《교육심리학》, 동문사, 2012

구은미 외 지음, 《아동상담》, 양서원, 2016

권두승 외 지음, 《성인학습 및 상담》, 교육과학사, 2007

김경희 지음, 《아동과 청소년의 이상심리학》, 박영사, 2007

김경희 지음, 《아동심리학》, 박영사, 2005

김영봉 외 지음, 《신 교육학개론》, 서현사, 2008

김용선 지음, 《피아제론과 반피아제론》, 형설출판사, 1992

김용태 지음, 《가족치료 이론》, 학지사, 2000

김유숙 지음, 《가족상담》, 학지사, 2007

김익균·고선옥 외 3명 지음, 《가족관계론》, 정민사, 2012

김정규 지음, 《게슈탈트 심리치료》, 학지사, 2015

김정옥 외 지음, 《가족관계》, 양서원, 2012

김청송 외 지음, 《인간행동과 심리학》, 학지사, 2015

김태임 외 지음, 《성장발달과 건강》, 교문사, 2014

김혜숙 지음, 《가족치료 이론과 기법》, 학지사, 2003

나항진 외 지음, 《성인학습 및 상담》, 양서원, 2012

박성연 외 지음, 《인간발달》, 파워북, 2011

방선욱 외 지음, 《심리학의 이해》, 교육과학사, 2003
버지니아 사티어 외 지음, 한국버지니아사티어연구회 옮김, 《사티어 모델》, 김영애가족치료연구소, 2000
성영혜 지음, 《현대사회와 부모》, 숙명여자대학교출판부, 1996
신명희 외 지음, 《발달심리학》, 학지사, 2013
앤터니 펠리그리니 지음, 이은화 옮김, 《교육현장에서 본 아동발달연구》, 이화여자대학교출판부, 1995
우재현 지음, 《게슈탈트 치료 프로그램》, 정암서원, 1994
원동연·유동준 지음, 《해피엔딩, 노년의 인생학》, 김영사, 2005
유계숙 외 지음, 《가족학이론 : 관점과 쟁점》, 하우, 2003
유영주 지음, 《가족관계학》, 서울대학교, 1981
유진이 지음, 《청소년 심리 및 상담》, 양서원, 2013
유효순 지음, 《아동발달》, 창지사, 2007
윤정일 외 지음, 《신교육의 이해》, 학지사, 2002
이근홍 지음, 《인간행동과 사회환경》, 공동체, 2006
이영숙·박경란 지음, 《현대 가족관계학》, 신정, 2010
이영실 외 지음, 《가족치료》, 양서원, 2010
이용환 외 지음, 《교육방법과 교육공학》, 형설출판사, 2019
이택호 외 지음, 《조직과 인간관계론》, 북넷, 2013
이항재 지음, 《아동발달》, 교육과학사, 2004
이현림·김영숙 지음, 《인간발달과 교육》, 교육과학사, 2016
이현림 외 1인 지음, 《새교육 심리학》, 영남대출판부, 2001
이형득 지음, 《상담이론》, 교육과학사, 1992
임영식 외 지음, 《청소년 심리의 이해》, 학문사, 2004
장휘숙 지음, 《성인발달 및 노화심리학》, 박영사, 2012
정문자 지음, 《사티어 경험적 가족치료》, 학지사, 2003
정성란 지음, 《가족상담 및 치료》, 양서원, 2011
정영애·장화경 지음, 《가족과 젠더》, 교문사, 2010

정옥분·정순화 지음,《결혼과 가족의 이해》, 학지사, 2014
정옥분 지음,《발달심리학 : 전생애 인간발달》, 학지사, 2014
정현숙 지음,《가족생활교육》, 신정, 2016
제럴드 코리 지음, 조현춘 외 옮김,《심리상담과 치료의 이론과 실제》, CENGAGE LEARNING, 2013
제이 그린버그·스테판 밋첼 지음, 이재훈 옮김,《정신분석학적 대상관계 이론》, 현대정신분석연구소, 1999
조복희 외 지음,《인간발달》, 교문사, 2016
조이 A. 파머 지음, 조현철 외 옮김,《50인의 현대 교육사상가(피아제에서 현재까지)》, 학지사, 2009
최정훈 지음,《인본주의 심리학》, 법문사, 1992
캐슬린 K. 리어던 지음, 임칠성 옮김,《대인의사소통》, 한국문학사, 1997
캐슬린 M. 갤빈 지음, 이재연·최영희 옮김,《의사소통과 가족관계》, 형설출판사, 1990
프랭크 써머즈 지음, 이재훈 옮김,《대상관계이론과 정신병리학》, 한국심리치료연구소, 2004
프리츠 펄스 지음, 노안영 옮김,《펄스의 게슈탈트적 자기치료》, 학지사, 1996
허버트 P. 긴즈버그 지음, 김정민 옮김,《피아제의 인지발달 이론》, 학지사, 2006
허혜경 외 지음,《현대사회와 가정》, 동문사, 2017

학술지

김규원·이정우, 〈청소년기 자녀가 지각한 어머니와의 커무니케이션 유형 및 만족도 연구〉,《대한가정학회지》, 제27권 제3호, 2004
김순옥, 〈10대 자녀에 대한 부모의 의사소통 행위분석〉,《대한가정학회지》, 제33권 제6호, 2006
김진숙·유영주, 〈어머니와 청년기 자녀와의 커뮤니케이션에 관한 연구〉,《한국가정관리학회지》, 제3권 제1호, 1985
이경주·신효식, 〈청년기 자녀의 아버지와의 커뮤니케이션과 자아개념에 관한 연구〉,《한국가정관리학회지》, 제8권 제2호, 1990

정문자, 〈한국가족 문제해결을 위한 사티어 치료 모델의 적용〉, 《한국가족치료학회지》 vol.8(2), 2000
최진태·황경애, 〈중년여성의 자존감 향상을 위하여 사티어 변형 체계적 치료를 적용한 상담사례연구〉, 《한국가족치료학회지》 19(1), 2011

논문

고성애, 〈청소년이 지각한 부모의 의사소통유형과 문제행동과의 관계〉, 서강대학교 교육대학원 석사학위논문, 2006
김경화, 〈부모-자녀간의 의사소통과 청소년의 문제행동에 관한 연구〉, 이화여자대학교 대학원 석사학위논문, 1999
김세련, 〈사티어 성장 모델의 일치성이 부부의 결혼만족도에 미치는 영향〉, 상명대학교 대학원 석사학위논문, 2010
김오남, 〈어머니와 청소년 자녀의 의사소통유형과 가족스트레스〉, 전남대학교 대학원 석사학위논문, 2004
김용구, 〈부모-자녀간 의사소통과 학구적 자아개념 및 문제행동의 관계〉, 한국교원대학교 대학원 석사학위논문, 2006
김욱, 〈노인차별의 실태 및 관련요인에 관한 탐색적 조사연구〉, 한국노년학회 연구논문, 2003
김은아, 〈피아제 인지발달이론의 뇌 과학적 해석〉, 서울교육대학교 대학원 석사학위논문, 2005
김효순, 〈구조적 가족치료 활용에 관한 연구〉, 이화여자대학교 대학원 석사학위논문, 1989
김희선, 〈유아기 학부모의 교육수요 및 경비에 관한 연구〉, 세종대학교 대학원 석사학위논문, 2006
박은초, 〈사티어의 성장 의사소통이론과 그 적용에 관한 연구〉, 이화여자대학교 대학원 석사학위논문, 2005
박효순, 〈부모화 된 미혼성인자녀의 자아분화를 돕기 위한 보웬적 가족치료〉, 서울여자대학교 사회복지 기독대학원 석사학위논문, 2014

백병옥, 〈일반계 고등학생의 Stir 의사소통 유형과 자아존중감과의 관계〉, 한남대학교 대학원 석사학위논문, 2013

신경민, 〈J. Piaget의 인지 발달론에 의한 유아의 음악지도 방안 고찰〉, 부산대 교육대학원 석사학위논문, 2000

이규련, 〈유아 조기교육의 실태 및 어머니의 인식〉, 경인교육대학교 대학원 석사학위논문, 2008

이동희, 〈유치원생들의 인지양식에 따른 보존과제 수행능력분석〉, 계명대학교 교육대학원, 석사학위논문, 1999

이지현, 〈부부의 자아분화에 따른 부부갈등과 갈등대처행동 연구〉, 한국외국어대학교 교육대학원, 2006

이한규, 〈사고 발달과 언어의 역할에 대한 피아제와 비고츠키의 관점 비교〉, 서울대학교 대학원 석사학위논문, 1986

임선영, 〈조직사회와 인간의 문제-B. F. 스키너의 행동주의를 중심으로〉, 고려대학교 대학원, 박사학위논문, 1992

정세용, 〈부모의 촉진적인 의사소통과 자녀의 문제행동과의 관계〉, 연세대학교 교육대학원 석사학위논문, 2007

정유미, 〈부모와의 의사소통과 청소년 문제행동에 관한 연구〉, 부산대학교 교육대학원 석사학위논문, 2006

조선미, 〈비고츠키(Vygotsky)의 '근접발달영역(ZPD)' 이론에 따른 교수-학습 방법 탐색〉, 경인교육대학교 대학원 석사학위논문, 2001

채수경, 〈경험적 가족치료를 통한 역기능가정의 치료-V. Satir 성장모델을 중심으로〉, 명지대학교 사회복지대학원 석사학위논문, 2005

한정란 외 3인, 〈청소년과 노인 간의 세대차이 분석: 상호지향성 및 중요도-실행도 분석 모형을 기초로 /청소년과 노인 간의 세대차이 분석에 관한 토론〉, 한국노년학회 연구논문, 2006

에필로그

'나'를 정면으로 들여다보고 찬찬히 위로할 수 있기를

내 나이 스무 살, 처음 만난 이어령 교수님은 당당했고, 지적으로 풍성하고, 위엄이 넘치는 분이었습니다. 이후 그분에게 진정 많은 것을 배웠습니다. 교수님이 이화여대의 기호학연구소 출범을 주도하시는 동안 조교로 일한 적이 있었는데, 흐드러지게 핀 벚꽃과 무성한 녹음, 선연한 단풍의 계절을 이대 본관에 있는 교수님의 연구소에서 보낸 추억이 아직까지 선명하게 떠오릅니다. 어려운 나머지 교수님께 말 한마디 붙일 생각조차 못하던 그 시절, 수많은 논문들을 쌓아 놓고 서투른 솜씨로 자판을 두들기며 학회지를 엮어 나가던 어느 날이었습니다. 식사 시간이 되어 배달 음식을 시키자고 하신 교수님은 "짜장면 말고 탕수육도 시켜 주련." 하고 말을 걸어 줄 만큼 다정한 분이었습니다. 음식이 코로 들어가는지 입으로 들어가는지도 모를 정도로 얼어 있던 내게 이어령 교수님은 무서운 호랑이보다 다정한 곰의 이미지로 남으셨죠.

시대의 석학이자 지성이신 이어령 교수님이 2022년 2월 26일, 타계했습니다. 그분의 별세 소식은 죽음의 문턱을 두 번이나 넘나들며 죽음 앞에서도 초연했던 내게 작지 않은 파동을 일으켰습니다. 이어령 교수님의 유고 시집《헌팅턴비치에 가면 네가 있을까》서문에 이런 글귀가 있습니다.

"네가 간 길을 지금 내가 간다. 그곳은 아마도 너도 나도 모르는 영혼의 길일 것이다."

죽음 직전까지 손에서 펜을 놓지 않았던 이어령 교수님은 죽음에 대한 사유의 깊이 또한 남다른 분이었습니다.

> "죽음이라는 게 거창한 것 같지?
> 아니야. 내가 신나게 글 쓰고 있는데,
> 신나게 애들이랑 놀고 있는데 불쑥 부르는 소리를 듣는 거야.
> '그만 놀고 들어와 밥 먹어!'
> 이쪽으로, 엄마의 세계로 건너오라는 명령이지."
>
> —
>
> 《이어령의 마지막 수업》 중에서

사랑하던 장녀를 먼저 떠나보내며 초로의 학자는 생전 부치지 못한 글을 읽으며 인생의 무상함을 느낍니다. 시간을 단축해 가는 한계와 유한함의 절박한 단상은 읽는 이의 마음을 아리게 합니다. 이어령 교수님의 죽음 앞에서 나는 심하게 아팠지만, 그래도 그분의 죽음을 마주하며 남은 생을 잘 살아내겠다는 다짐을 했습니다. 어쩌면 에릭슨의 '전 생애 발달이론'이 특별하게 다가온 것도, 내가 감당해야 할 죽음 앞에서 더 이상 아파하지 않고 미리 준비하는 여유를 갖게 해준다는 점 때문일 겁니다. 그리고 내 발달의 지점마다 만나 온 수많은 '의미 있는 타자'들의 섬세한 사랑과 관심이 무엇인지를 알게 해주었기 때문입니다. 그런 면에서 이어령 교수님의 제자로서 참 귀한 것을 가슴에 담을 수 있어 행복했노라 말하고 싶습니다.

한참 전, '제자'에 대한 해석 때문에 논쟁을 벌인 적이 있습니다. 누군가 학교 밖 문화센터 같은 곳에서 잠시 동안 배우는 사람들을 가리켜 제자라고 하는 것은 어불성설이 아니냐고 물었습니다. 처음에는 일정 부분 동의하기도 했지만, 어느 정도 일가를 세웠다 할 만한 성과들을 얻으면서 생각을 정리해 갔습니다. 그리고 일관된 목표를 향해 꾸준한 행보를 이어 오는 동안 그에 대한 나만의 정의를 세울 수 있었습니다. 단 한 번의 교육을 받았다 한들 나의 가르침을 받아들이고 내가 세운 가치관과 이론에 동의하며 사회에 접목하기를 기꺼이 감당하는 사람이라면, 기꺼이 '제자'라고 하기로. 분명 쉬운 일은 아니었습니다. 결을 같이할 만큼의 세월이 축적되고 한 땀, 한 땀 서로의 가치를 공유할 정도의 노력이 있어야만 가능한 일이기 때문입니다.

지금까지 참 많은 제자들과 함께했습니다. 잠시 눈을 감고 그들과의 처음을 떠올려 봅니다. 자신의 상처 입은 날개를 접고 내 곁에 머무른 자도 있었고, 한동안 고이 간직해 온 열정을 꽃피울 때가 되었다며 한걸음 내딛은 자도 있었습니다. 그렇게 이러저러한 이유로 찾아온 무수한 사람들이 있었죠. 심리학자로서 내가 사회 곳곳의 교육 현장에서 그들을 만나는 이유는 단 하나입니다. 조금이라도 자극해 성장할 수 있게 도와주고 싶어서입니다. 그래서 온갖 이유를 대며 "저는 못해요."라고 말하는 이들을 볼 때마다 너무 안타깝고 답답합니다. 그럴 때마다 늘 이렇게 말해 주죠.

"네 안에 잠자는 사자가 있어."

"제 안에요?"

시간이 꽤 흐른 후 몇몇이 자신의 마음을 고백해 온 적이 있습니다.

"제 안에 사자가 있다고 말씀하실 때마다 그게 무슨 말인지 몰랐어요. 그런데 교수님을 믿고 정말 내 안에 사자가 있는지를 들여다봤습니다."라며 그렇게 만난 사자와 함께한 경험을 들려주었습니다. 그들은 정말 잠자는 사자를 깨워 그 등에 올라타고 바람을 가르며 앞을 가로막은 장애물을 헤치며 달려갔습니다. 덕분에 누군가는 책의 저자가 되었고, 또 누군가는 대중 앞에서 거침없이 강의할 수 있게 되었고, 콘텐츠 기획자와 개발자가 되었습니다. 학교 현장에서 교육에 접목해 다양한 성과를 내는 교육자로서 왕성하게 활동하는 제자들도 여러 명입니다. 돌아보면 감개무량하죠.

언제부터인가 잠자는 제자들을 깨워 날아오르게 하고 싶은 마음이 컸던 것 같습니다. 날고 싶지 않은 독수리를 망태에 넣고 높은 산을 기어오르는 동물학자의 마음을 알 것 같았습니다. 아픈 가족사에 발목을 잡혀 꼼짝하지 못하던 이들을 위해 그들 스스로 옭아맨 쇠사슬부터 끊어 내야 했습니다. 모든 행복의 원천이라고 믿었던 가정에서 시작된 상처의 뿌리를 캐내는 일은 생각처럼 쉽지 않았습니다. 이 책을 통해 이제는 '네 삶을 원 없이 살아야 한다.'고 독려하고 싶었습니다. 양육의 초기부터 자신을 차근차근 돌아보며 건강하게 분화하도록 돕는 것을 모색했던 것이지요. 그리고 어쩌면 나부터 족쇄를 풀고 훨훨 날고 싶은 마음에서 시작했는지도 모릅니다. 빗속에서 춤추는 법을 배웠던 우리들이기에, 가장 열악한 환경에서도 꽃을 피워 내는 민들레의 질긴 생명력으로 '나'를 정면으로 들여다보고 찬찬히 위로할 수 있기를 바라는 마음뿐이었습니다. 그리고 또 한 권의 책을 선보이게 되었습니다.

끝으로 지금껏 고된 길도 마다 않고 언제나 함께해 준 그들에게 감사와 위로의 말을 건넵니다.

"잘 견뎌 줘서 고마워."

2023년 시린 겨울 끝에서

놓치는 아이 심리
다독이는 부모 마음

2023년 4월 20일 초판 1쇄 발행 | 2023년 12월 20일 초판 4쇄 발행

지은이 김영아

펴낸이 박시형, 최세현 **편집인** 박숙정
기획편집 최현정, 정선우, 정인화 **디자인** 전성연
마케팅 양근모, 권금숙, 양봉호 **온라인마케팅** 신하은, 현나래, 최혜빈
디지털콘텐츠 김명래, 최은정, 김혜정 **해외기획** 우정민, 배혜림
경영지원 홍성택, 강신우 **제작** 이진영
펴낸곳 쌤앤파커스 **출판신고** 2006년 9월 25일 제406-2006-000210호
주소 서울시 마포구 월드컵북로 396 누리꿈스퀘어 비즈니스타워 18층
전화 02-6712-9800 **팩스** 02-6712-9810 **이메일** info@smpk.kr

ISBN 979-11-6534-725-3 (13590)